マグネティクス・イントロダクション 2

メタマテリアルのつくりかた

―光を曲げる「磁場」とベリー位相―

New Concepts of Metamaterials

Berry Phase and Artificial "Magnetic Fields" Acting on Light

日本磁気学会 編

冨田知志・澤田 桂 著

12345

Magnetics Introduction Vol.2

共立出版

シリーズ刊行の言葉

磁気は不思議な力を持っています。

子供の頃、磁石を使った実験をして不思議な体験をしませんでしたか？　磁石を使うとさまざまなことが起こりますね。触らないのにものを動かすことができたり、巻いた電線の中で磁石を出し入れしただけで電球がついたり。なんだかわからないけれど、とても魅力的でした。

そして、磁気はとても役に立つものです。

ちょっと身のまわりを見てみましょう。

電気は磁石とコイルを使った発電機で起こしています。同じ磁石とコイルの組合せでできているモーターはいろいろなものを動かすことができますし、スピーカーは楽しくきれいな音楽を奏でます。磁石やコイル、コイルとコイルなどを組み合わせると、ものの位置や動きがどうなっているのかを知るセンサになります。たとえば、自動車に搭載するとセンサで測定された情報をもとに車を制御し、安全な運転を可能にします。また、ＭＲＩのように体を作っている成分の磁気の性質を測って病気を調べるものもあります。テレビ番組の録画やパソコンのデータ保存にはハードディスクを使いますね。ハードディスクは、非常に小さな磁石の向きを変えて書き込み、磁石から発せられる磁場を検出してデータを読み出すことで情報を出し入れします。情報を読み書きする磁気ヘッドを動かしているのも磁石を使ったモーターです。まさに磁気の織りなす現象の集合体といってもよい装置です。このように、生活に密着し、快適な生活を支える重要な部分で磁気現象が役立っているのです。

磁気の研究開発は広い範囲に及び、それぞれが日々ものすごい勢いで進んでいます。
これまで以上に強力な磁石を作ってモーターや発電機の効率を良くする研究、人体から発せられる微弱な磁場を検出するための高感度な磁気センサを作って病気の発見につなげようという研究、強い磁場の中で物質を分離して環境浄化に役立てる研究など直接生活に役立つものから、どのように磁石の性質が生まれるのか、磁石のもととなるスピンが電気や光とどのように関係するのかを調べておもしろい現象を見つける研究、さらにそれを新しいデバイスにするなどの研究まで、多くの人たちが取り組んでいます。

このような磁気を利用した研究や技術の有用性やおもしろさを、多くの人にわかりやすく伝えたい。そんな気持ちで私たち日本磁気学会は「マグネティクス・イントロダクション」シリーズを企画しました。研究の第一線にいる人たちが磁気に関する基礎の基礎や最先端研究まで、理科の好きな高校生のみなさんがちょっと頑張ると読みこなせるように解説しています。新たに磁気を学ぶ学生はもちろん、社会に出てから磁気の仕事に就いた人、子供のころの不思議な体験を思い出した人、この本を手にとったみなさんが楽しく磁気のことをわかってくださることを私たちは願っています。

日本磁気学会 出版ワーキンググループ一同

はじめに

本書では、磁気をテーマにしながら、派生してさまざまな方向に考えを巡らせていくことで、物理の研究の一端をご紹介します。基本的な事柄から出発して、少しずつ応用していったり、時には飛躍しながら、最前線までご案内します。その中で、一見すると全然関係ないような現象どうしが、実は深く結びついていたり、あるいは同じ考え方で理解することができると、とても楽しいものです。そうした感覚を読者のみなさんと一緒に体験できれば嬉しいです。

科学を研究する楽しみのひとつに、自然の法則を探り、自然の神秘を解明することがあります。しかし、研究を楽しむ方法はそれだけではありません。仮に自然の法則がすべてわかったとしても、それで終わりではありません。むしろ新たなスタートラインに立ったともいえます。このことは言語に置き換えてみると実感がもちやすいでしょう。

たとえば日本語を勉強しようと思ったときに、「あいうえお」を覚えることから始めるとします。このとき、「あ」の成り立ちから勉強しようとすると、いつまで経ってもなかなか捗りません。まずは、「あいうえおかきくけこ…」と五〇音をすべて覚えないことには始まりません。ある程度まで慣れて使いこなせるようになった後で、改めて言葉の成り立ちなどを学んでいくことになるでしょう。そして、五〇音をすべて覚えたからといって、あいうえおをすべて理解したことにはなりません。ましてや日本語を習得した、などいえません。

ひらがなという文字の成り立ちに思いをはせると、もとになった漢字が気になってきます。漢字とひらがなとの関係のもとを辿り、万葉仮名《まんようがな》になるともはや五〇個では済みません。さらにそのもとの漢字を…、と考えていくと文字だけでも、ものすごい数になります。また文字の成り立ちを考えている以上は、歴史にも話がつながるし、文字で読む文語だけでなく、実際に話されている口語も気になるし…などと、勉強しなくてはいけない範囲が広がっていきます。こんな風に考えていくと、確かに勉強すればするほど多少なりとも理解は深まっていくのですが、完全にわかるということはなく、むしろわからないことがどんどん増え、早晩途方に暮れてしまいます。でも、そういう広がり（そして途方に暮れること）こそが知る楽しみのひとつでもあるのです。

科学においても、実は同じようなことがいえます。科学を理解していくためには、それ相応の知識が必要です。知識を身につけるためには、まずは勉強しなければいけません。とはいえ、ただ勉強すればいいわけもなく、ある程度は理解しながら勉強を進めなければいけません。その上で科学の研究では、自然界の法則をいわば「言語」として使うことによって、自分なりの物語を作ることも大きな醍醐味です。せっかく物語を作るなら、おもしろいものにしたいです。そして、おもしろい物語を提供してくれる題材のひとつが磁気です。なぜなら磁石や砂鉄などで身近な現象でありながら、その実その中で起こっていることはとても複雑で不思議だからです。説明しないでよい場合は理解できていても、いざ説明しようとすると言葉に詰まる、磁気はそんな現象です。

ただし物語といっても、こうして日本語だけで語ろうとするとなかなかうまくいきません。研究の中ではどうしても数式を使わざるをえなくなります。数式というと、亀の数やお釣りなどを計算をするためのものだと思われるかもしれませんね。もちろんそういう役割もありますが、自然科学を語るうえで便利な言語のひとつとして大切な役割を果たします。数式を使うことによって、ちょっとした言い回しで解釈が違ってくるという、曖昧さを避ける議論ができて客観性が高くなるのです。また、数式という共通言語を使うことで、日本語や英語や中国語という言語の壁を乗り越えて、理解を共有することもできます。

とはいえ数式を使うと便利な反面、内容にとっつきにくくなってしまうことは否めません。よって本書では、数式を一切使わずにさまざまな現象を説明することにします。数式を使わない代わりに、時にはたとえ話を出して説明します。たとえ話というのは、ある事柄を別の題材に当てはめて理解を深めるものです。実際の研究の場でも、いわば専門的なたとえ話として、異なる研究分野や現象どうしに共通性を見出すこと（アナロジーといいます）が、時にとても重要となります。一部、図中に数式が現れることもありますが、本文を読んでいただく分にはそれらは無視していただいても問題ありません。

本書では、ひとつの現象を解明していく様子を一本道で説明する、という形を必ずしもとりません。むしろひとつの現象であっても、幾通りもの見方で考えていくという形にします。あるいは逆に、ひとつの見方に立ちながらさまざまな現象に応用していく、ということも実践していきます。あるときは当たり前のようなことをまわりくどく説明し、またあるときは難しい内容をさらりと流したりなど、ムラのある説明に思われることもあるかもしれません。しかし、むしろそうした強弱を楽しんでいただければ嬉しいです。ああでもないこうでもないと考えを巡らすことで、この世界に対して多角的な視点をもつことのおもしろさをご紹介していきます。

なお、できるだけわかりやすい説明を心がけますが、わかりにくい部分もあると思います。しかし、わからないのは読者のみなさんのせいではなく、筆者の知識や理解が至らないせいで、小難しい説明になってしまっているだけです。わかりにくい箇所がありましたら、大目に見て適宜読み流してください。さあそれでは物語を始めましょう。

目次

第1章 メタマテリアル最前線

地上最強の永久磁石であるネオジム鉄磁石を、我々は簡単に手に入れることができます。ではこの強力な磁石をレーザー光線に近づけると何が起きるでしょう？　レーザー光線を曲げることができるでしょうか、それとも何も起きないでしょうか。実は、単に近づけても何も起きません。しかし磁石を使ってある工夫をすることでレーザー光線を曲げることができます。本章ではこのような疑問に端を発して、筆者らが最近行っている研究を簡潔に紹介します。そして読者のみなさんを一気に、メタマテリアル研究の最前線にお連れしたいと思います。メタマテリアル（メタ物質）とは、光の波長に対して十分小さな人工的な構造を組み合わせることで、光を思いのままに操ろうとする考えかたです。従来の物質のように原子や分子の種類ではなく、金属などの人工的に作った構造によって物質の性質をエンジニアリングします。最前線のメタマテリアルは対称性《たいしょうせい》が破れた世界の住人です。このような研究は物理だけでなく化学や生物、果ては生命の起源までも議論に巻き込む、大変興味深いものです。なお、本章は全体の要約なので少し難しく感じるかもしれません。もしそう感じたら、いまは飛ばして次の章に進んでください。そして本書を最後まで読んだ後で、また戻ってきてください。

１・１　対称性の破れと光

朝日が差し込む部屋で目が覚め、洗面所に行って顔を洗うとき、目の前にあるのは鏡。鏡に映る自分の顔をじっと見てみて、左右が対称かどうか気になったことはありますか？　だいたいは左右対称だけど、たとえば左の口元にほくろがあるとか、実は微妙に違うんです。実際、鏡を立てて顔の前に置いて、自分の顔の右半分（もしくは左半分）だけを映した場合、もとの顔と少し違って見えて、なんだか変に感じたことがあるかもしれません。このような状況を専門用語では、「対称性が破れている」と表現します。

対称性（シンメトリー、symmetry）にもいろいろなものがあります。たとえば右手と左手の関係でも対称性は破れています。右手の掌《てのひら》を鏡に映した形が、左手の掌の形です。仮にみなさんの身体で右手と左手を入れ替えると、もとの状態とは違いますよね。**図１・１**のように、らせん構造を鏡に映しても、やはり元のらせん構造とは異なります。こういう性質をカイラリティ（chirality，掌性《しょうせい》）といいます。日本語ではドイツ語読みのキラリティと呼ぶ場合もあります。カイラリティをもつ系では、空間反転対称性という対称性が破れています。その例としては大きなスケールでは螺旋《らせん》階段、人間の身の丈ならば朝顔のつる、そして小さなスケールではＤ

図 1.1　カイラリティをもつ構造。

ＮＡなどが挙げられます。

一方、磁石では別の対称性が破れています。それは時間反転対称性です。時間反転対称性は、空間反転対称性と比較してイメージするのが難しいですが、ビデオで録画した番組の再生と逆再生の関係を思い浮かべるとよいかもしれません。時間反転対称性が保たれていれば、再生でも逆再生でもおかしな感じはしません。歩道を前向きに歩いている人々をビデオで録画した場合を想像しましょう。録画を逆再生すると、人々は後ろ向きに歩き出して、それはそれで変わった状況なんですが、物理法則に矛盾するものではありません。ところが時間反転対称性が破れている磁石では、状況が異なります。詳細は後の第11章にありますが、磁石の中の電子の動きは、逆再生ではおかしなことになります。これを「時間反転対称性が破れている」といいます。

対称性が破れているもの、たとえばＤＮＡや磁石などに光を当てると、光はおもしろいふるまいをします。ここで光とは、人間の目に見える光（可視光）だけではなく、電波などあらゆる電磁波を指します。電磁波については、第5章で詳しく説明しますので、とりあえずは文字通り電場と磁場の波と考えておいてください。このような波は三角関数で表されます。電磁波は電場の向きに応じて偏光《へんこう》をもちます。たとえば**図1・2**に示すように電場の波がある一方向に揃っている場合を直線偏光と呼びます。図1・

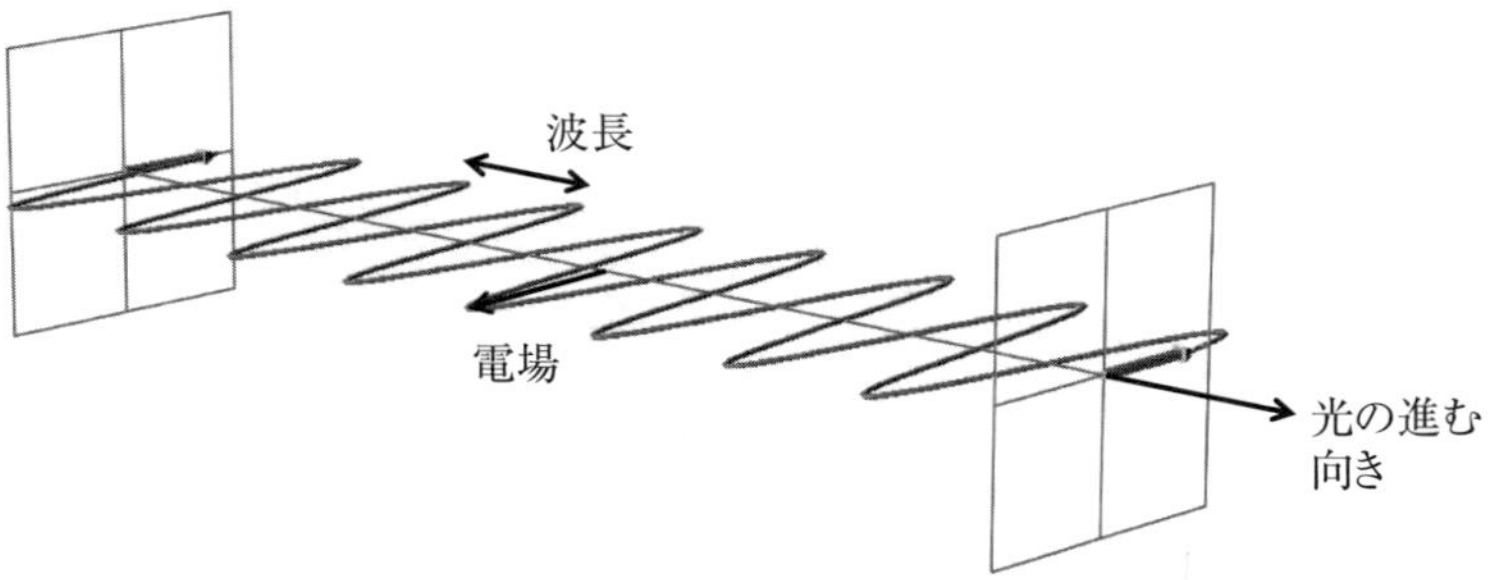

図 1.2　直線偏光の電場。

2は、数学で学ぶサインやコサインの関数のグラフと似ていますね。

　真空や物質など、ある媒質中での光のふるまいを考えるときは、媒質の屈折率《くっせつりつ》に着目すると、媒質中での光のスピードと関係づけられて便利です。あれ、アインシュタイン（Albert Einstein, 一八七九〜一九五五年）の相対性理論から、光のスピードって変わらないんではなかったっけ？と思ったみなさん心配いりません。第7章で説明しますので、もう少しお待ちください。

　詳しくは第11章で説明しますが、直線偏光とは異なる偏光として、電場が旋回しながら伝わっていく円偏光もあります。どちら側に回るかによって、**図1・3（a）**にある左回り円偏光と、図1・3（b）にある右回り円偏光と呼びます。そして**図1・4（a）**にあるようにこれら左回り円偏光と右回り円偏光を合わせると、実は図1・2の直線偏光になります。真空中を進んでいるとき、左回り円偏光と右回り円偏光が進むスピードや吸収される程度（屈折率）は同じです。ところがDNAが分散した水や磁石を通り抜けるとき、右回りか左回りかによって円偏光と物質の相互

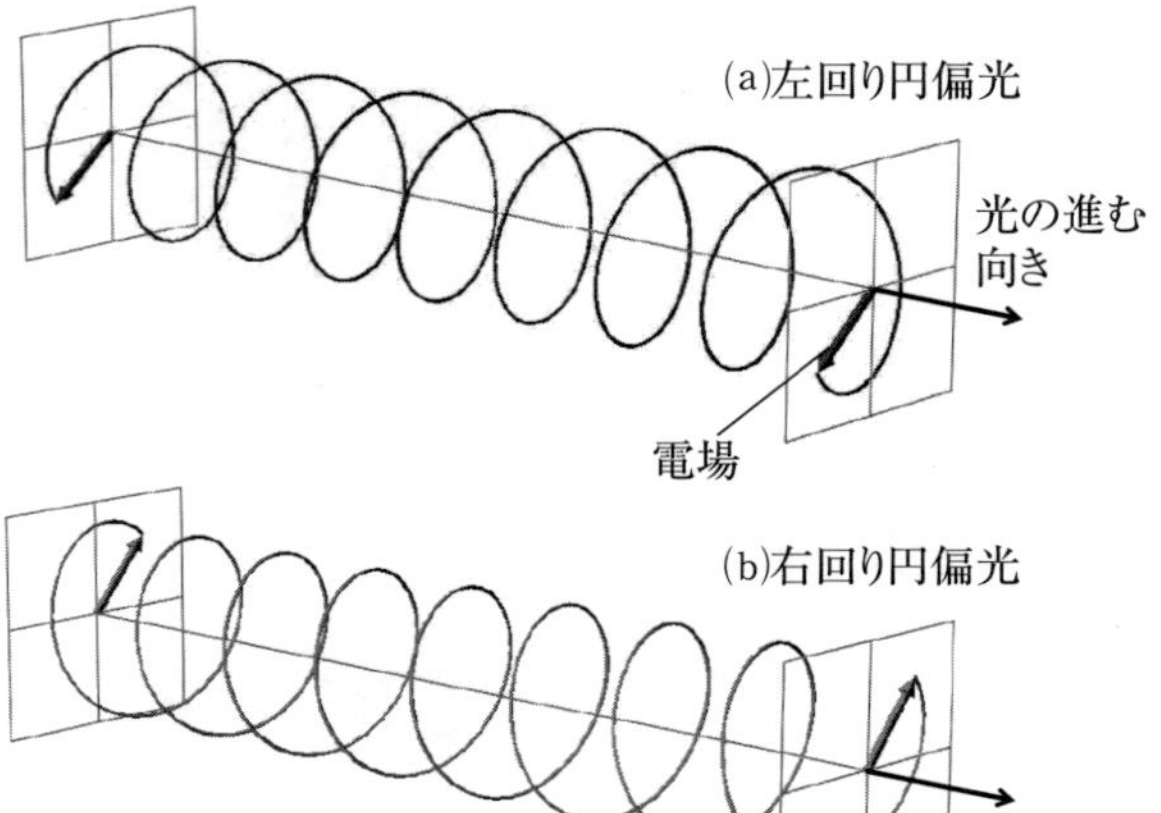

図1.3　円偏光の例。(a)左回り円偏光、(b)右回り円偏光。

作用の大きさに差が生じます。この差が、左回りと右回りの円偏光に対する屈折率の違いを生みます。その結果、図1・4（b）のように直線偏光面が回り、さらに吸収がある場合は楕円偏光になります。これを光学活性《こうがくかっせい》といいます。

カイラリティで空間反転対称性が破れているDNAなどに光が当たると起きる光学活性は、自然光学活性といいます。なぜここに自然という言葉がついているかというと、それはもともと、実に二〇〇年以上も前の一八一一年に、フランス人のアラゴ（François Arago, 一七八六〜一八五三年）によって、天然の石英板を使って発見されたからです。ここでの自然という言葉に、それ以上は深い意味はありません。石英の結晶（水晶）にはカイラリティがあるのです。一方、時間反転対称性が破れている物質、たとえば磁石に光が当たることで起きる光学現象は、磁気光学活性もしくは磁気光学効果と呼ばれます。これは磁石で磁場をかけたガラスを用いて、一八四五年に英国人のファラデー（Michael Faraday, 一七九一〜一八六七年）によって発見されました。磁気

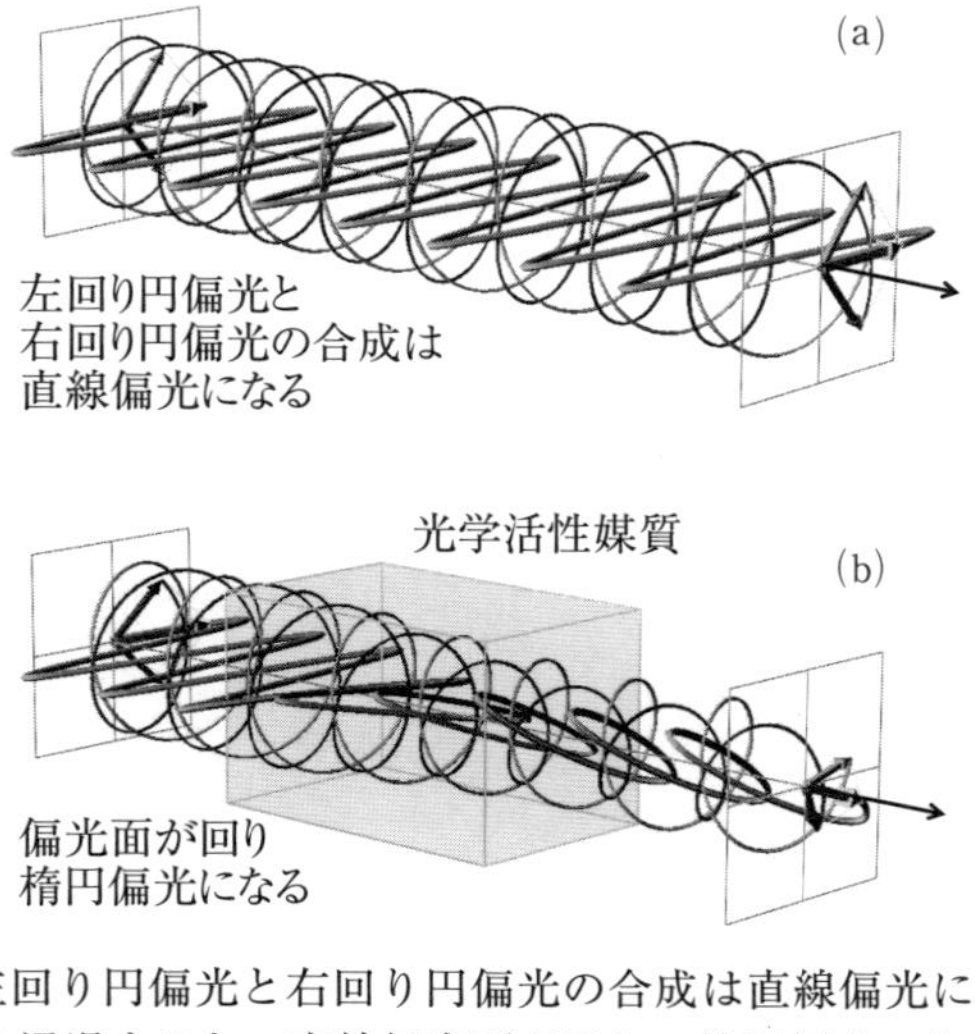

図 1.4 (a)左回り円偏光と右回り円偏光の合成は直線偏光になる。(b)光学活性媒質を通過すると、直線偏光面が回り、楕円偏光になる。

光学効果はMO（magneto-optical）効果とも呼ばれます。コンピュータのフラッシュメモリがこれまでのような進展を遂げる以前は、ハードディスク、フロッピーディスク、磁気テープなどと並んで、磁気光学効果を用いたMOディスクと呼ばれる記憶装置が使われていました。

1・2 磁気カイラル効果

何か特徴的なおもしろいものが二つあると、それらを混ぜ合わせててみるともっとおもしろくなるのではないか、何か新しいことが起きるのではないか、と思うのは研究者の常です。そこで時間反転対称性と空間反転対称性が同時に破れている物質、つまり磁石とカイラリティの両方の性質を備えた物質に、光を当てると何が起きるか考えてみます。磁気光学効果と自然光学活性は、光のスピードや吸収の程度が左回りか右回りかの円偏光に応じて変わるという効果でした。ところが磁石とカイラリティを両方備えると、**図1・5**のように偏光に関係なく、光の進行方向に応じて光の進むスピードや吸収のされ方が変わります。これを磁気カイラル効果といいます。なんともそのままのネーミングです。少し専門的には、現象の意味と内容をそのまま用語にして、偏光無依存・方向依存複屈折《ふくくっせつ》（二色性《にしょくせい》）と呼ばれることもあります。

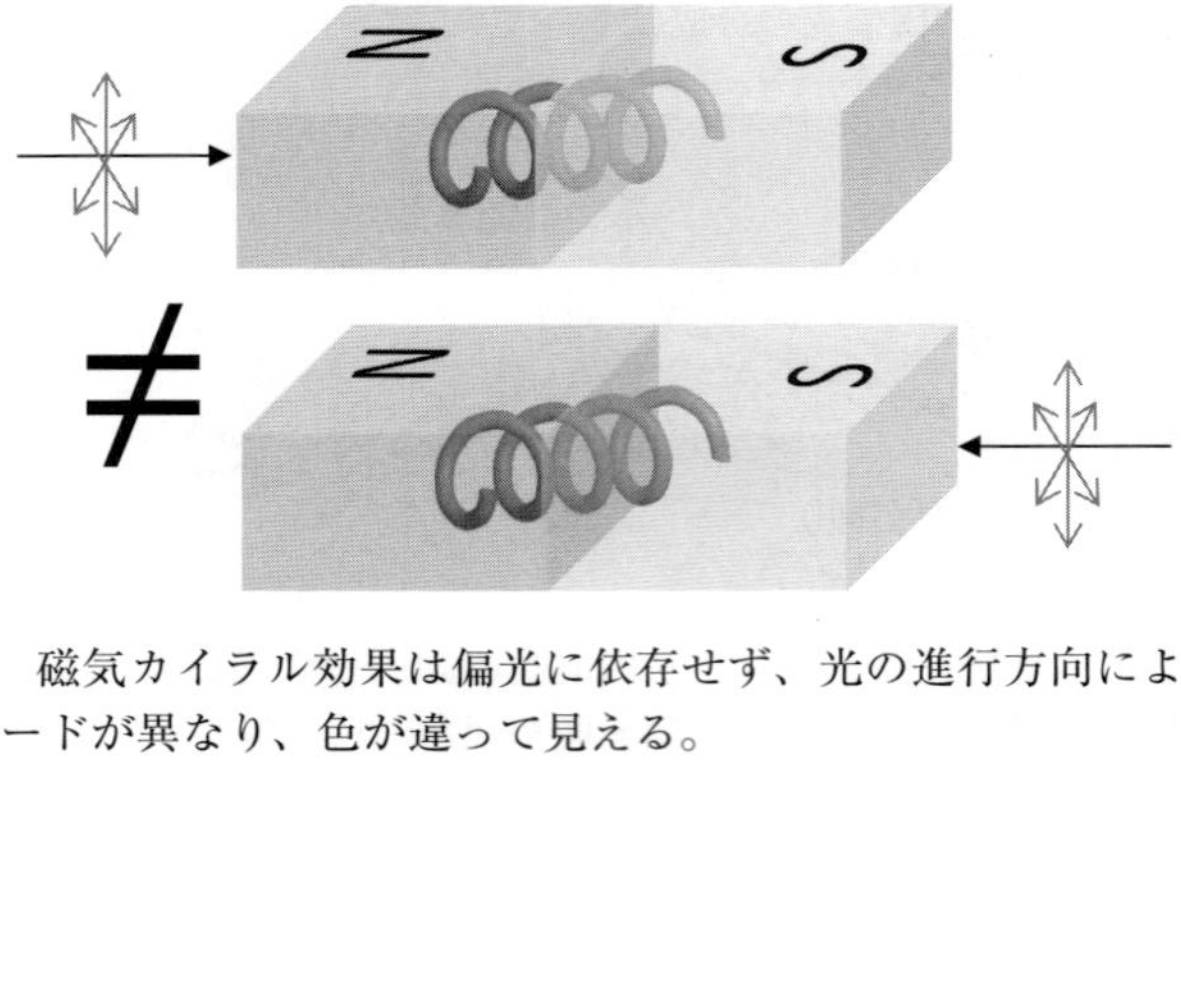

図 1.5　磁気カイラル効果は偏光に依存せず、光の進行方向によって光のスピードが異なり、色が違って見える。

複屈折とは、一つの物質で屈折率が二つ以上存在する、という意味です。これに対して二色性は、吸収のされ方が違っている、という意味です。表から見た場合と裏から見た場合で、光の吸収される程度が異なるので、色が違って見えることから方向依存二色性という言葉が使われます。この光と色の関係は、第5章で詳しく見ます。このように磁気カイラル効果は、表から見た場合と、裏から見た場合では屈折率が異なる現象なのです。この性質を用いれば、表からは光を通して見えるけど裏からは絶対に見えない、魔法の鏡（マジックミラー）を作ることができます。

刑事ドラマでよく見る取調室にあるマジックミラーは、ミラーそのものの性質というよりは、二つの部屋の明るさの違いを利用したものです。ミラーが光を通す程度はどちらから見ても同じです。光の透過する量は同じだけれども、光の量の差があると、暗い方は背景に埋もれてしまって見えなくなります。この現象は部屋にレースのカーテンを引くなど日常でもよく目にします。また光の量の差で、ものが見えなくなってしまうことを防ぐために、トンネルを走るときに電車の運転席の後ろにカーテンを引いたり、夜に車で走るときに室内灯を点けないのも同じ原理です。つまり暗い部屋から明るい部屋はよく見えます。逆に明るい部屋から暗い部屋は見えません。このことから取調室のマジックミラーは、部屋の明るさを変えると、見える方向が逆になります。表方向と裏方向とでミラー自体の光を透過する程度が異なるというわけではないのです。

ところが磁気カイラル効果によるマジックミラーは、ミラーそのものの裏表で性質が異なり、その性質は磁石のN極・S極の方向で決まります。こういう状況は非相反的《ひそうはん》と呼ばれます。相反的というのは、お互いに反対であることを意味します。または、貿易交渉の場でも使われますが、両方が対等な立場にあるという意味です。それに対して、非相反的な磁気カイラル物質では表裏が対等でなく、磁石のN極・S極の方向が物事を決めるのです。磁石のN極・S極の方向を入れ替えると、裏表をひっくり返すことができます。しかし部屋の明るさを変えたところで、見える方向は変化しません。

　磁気カイラル効果は、我々生命の起源と密接に関わっているかもしれない、という説があります。というのは、我々の身体を構成する成分のひとつはタンパク質です。このタンパク質はアミノ酸がつながってできています。アミノ酸は料理で「うまみ」のもととしてご存知でしょう。実はこのアミノ酸も、掌と同じように左手と右手がある、つまりカイラリティをもちます。そして我々の身体をかたち作るほとんどのアミノ酸は、なぜか左手のものしかないことが知られています。これはカイラリティが同じという意味でホモキラリティと呼ばれ、その起源はいまも謎に包まれており、さまざまな分野からアプローチがなされています。このホモキラリティに、もしかしたら磁気カイラル効果が関わっているかもしれないのです。地球が大きな磁石という事実からもわかるように、磁石が作る磁場は宇宙にはありふれた存在です。もしアミノ酸などの分子が形成される環境に磁場が影響すれば、磁気カイラル効果によって片方のアミノ酸しか形成されないかもしれません。これについては第11章で詳しく触れます。

　ただ残念なことに、自然光学活性や磁気光学効果に比べると、磁気カイラル効果はとても小さな効果です。よってこの効果の詳細を調べたり、何かに応用するためには、何らかのトリックを使って効果を大きくしないといけません。そのために筆者らは、メタマテリアルを使います。

1・3　メタマテリアル

　本書のキープレイヤーの一人であるメタマテリアルは、人工的に作り出した物質です。では人工的に作り出したメタマテリアルで何ができるのでしょうか？

そこでまず図1・6にある、最も有名なメタマテリアルである、負屈折率メタマテリアルの写真を見てください。このメタマテリアルがどのようにすごいのか、どのように世界の見方を変えたのか、については第6章で詳しく述べます。図1・6の写真を見て、みなさんどう感じるでしょうか。なんだこれ？　これって物質なの？と感じるでしょうか。メタマテリアルの特色を浮かび上がらせるために、まずはメタマテリアルの対極にある、天然の物質を考えてみましょう。とくにそれらの物質を光がどう見ているかに着目します。すると物質で光がどのように曲げられたり、止められたりするかが決まるのかがわかります。

ここで大きさのスケールについて触れておきます。私たちの身の回りの物質をどんどん細かく見ていくとどうなるでしょうか。私たちの身体は、三〇兆から四〇兆個もの細胞からなるといわれています。細胞の中には核があり、核には染色体があり、染色体にはＤＮＡがあります。ＤＮＡではアデニン（Ａ）、チミン（Ｔ）、グアニン（Ｇ）、シトシン（Ｃ）という四種類の核酸と呼ばれる分

図 1.6　負屈折率メタマテリアル。
提供：米国デューク大学 ウィリィ・パディラ氏。

子が、螺旋構造を形成しながらつながっています。分子は原子からなります。原子は電子と陽子と中性子からなります。さらに、陽子や中性子はクォークからなり…、などとどんどん小さな世界へ思いを巡らすのはとても興味深いものですが、本書で議論する範囲では、天然の物質を構成する最小単位は原子だと思って差し支えありません（図1・7a）。

原子のサイズは、だいたい一ミリメートルの一〇〇〇万分の一くらい、つまり一〇〇億分の一メートル（10^{-10}メートル、0.1ナノメートル）程度です。これに対して人間のサイズはおおよそ一～二メートルです。一〇〇億分の一のサイズのものを、自由に曲げたり延ばしたり、並べたりすることは、ちょっと難しそうです。しかし安心してください、光にしてみると原子や分子の一つひとつが見えている訳ではなく、なんとなくぼんやりとそこに原子や分子の集合体があるように見えているのです。これを粗視化《そしか》と呼びます。

これに対してメタマテリアルでは、第6章で詳しく述べますが、図1・6で見たように金属などの物質で作っ

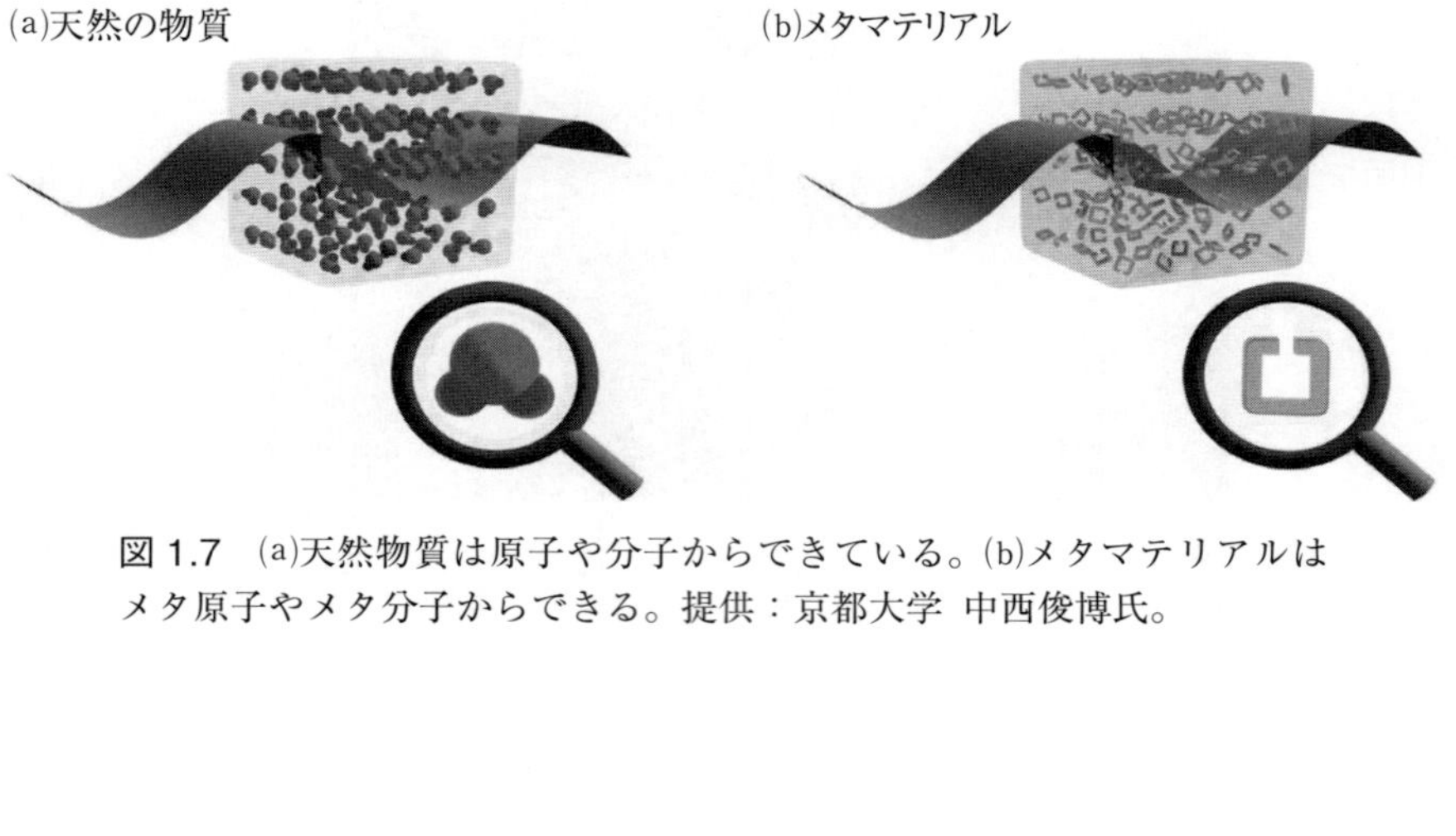

図 1.7　(a)天然物質は原子や分子からできている。(b)メタマテリアルはメタ原子やメタ分子からできる。提供：京都大学 中西俊博氏。

た、ある波長の光よりも小さな輪や棒など人工的な構造を、その光にとっての「原子」だとみなします。これをメタ原子と呼び、メタ原子を組み合わせることでメタマテリアルを作ります（図1・7b）。この場合、原子に比べてメタ原子の大きさは十分に大きいので、サイズや形を人間が自由自在に工夫できます。またメタ原子を四角に並べたり、ピラミッド状に並べたり、はたまたランダムに散りばめてみたり、並べ方も自在に変えることができます。にも関わらずメタ原子のサイズを光の波長よりも十分小さいものに抑えたならば、やはり光は相変わらず、その集合体をぼんやりとしてしか見えません。この人間が工夫できる余地と、光にはぼんやりとしか見えない粗視化の隙間をうまく使って、天然の物質では困難な性質を実現するものを、我々はメタマテリアルと呼びます。「メタ」は「何かを超える」という意味のギリシャ語に起源をもちます。メタマテリアルは、天然の物質を超えた物質といえます。

第9章で見るように、図1・6のメタマテリアルを用いると、天然物質では正の方向にしか曲がらない光を逆

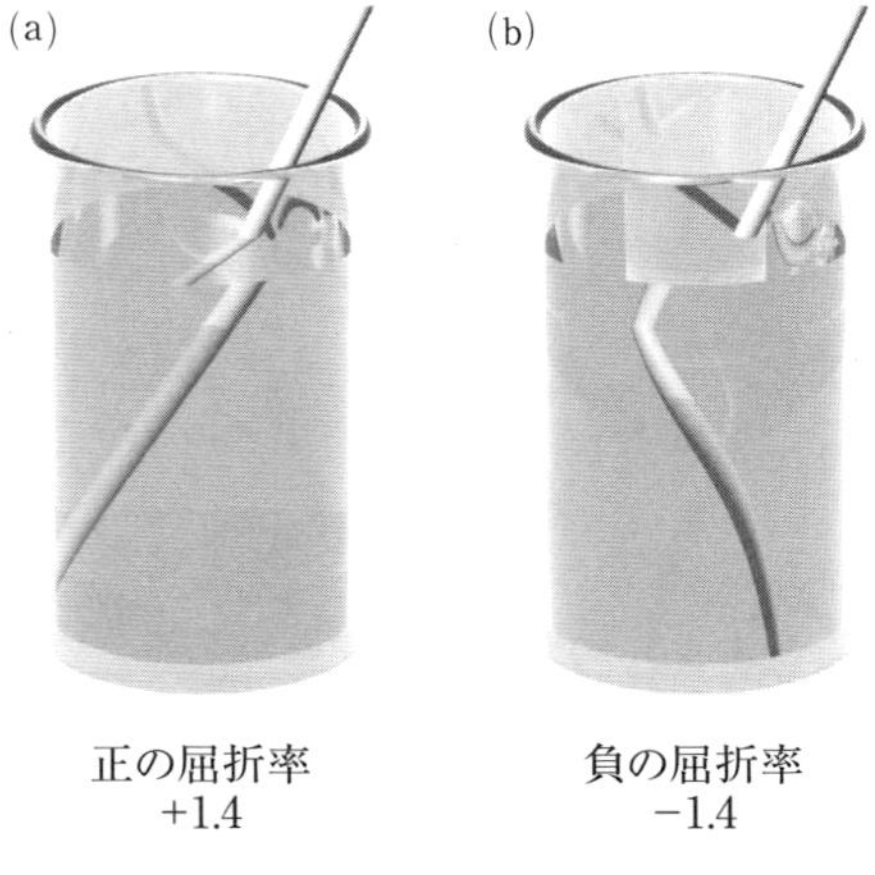

図 1.8 グラス中の液体の屈折率が正か負かによる、棒を入れたときの見え方の違い。屈折率が(a) +1.4 と(b) −1.4 の場合のコンピュータシミュレーション。提供：京都大学 中西俊博氏。

に負の方向に曲げることができます。図1・8は、液体で満たされたグラスに棒を入れたときの見え方を（a）正の屈折率の場合と（b）負の屈折率の場合とで、コンピュータを使って描いたものです。負の屈折率では棒が変な方向に曲がっています。さらに、この現象を用いれば、原子が見える虫眼鏡ができるかもしれません。別のメタマテリアルを用いれば、ほかの人達から自分を見えないようにする隠れ蓑《みの》ができます。また黒色よりも黒い物体ができます。さらに光の反射を思い通りに操れるかもしれません。このようなさまざまな可能性を秘めたメタマテリアルという考え方を、筆者らは磁気カイラル効果を大きくするために用いました。

1・4　磁気カイラルメタ分子を作る、測る

図1・9は筆者らが大きな磁気カイラル効果を実現するために使うメタ分子です。本来、天然の分子は、二つ以上の原子が電子を共有して強く結びついている状態をいいます。種類の異なる原子が結びつくことで、多様な分子が実現できます。ここでは、この考え方を拡げて性質の異なる物質や構造のメタ原子を結びつけたものを、メタ分子と呼ぶことにします。

私たちのメタ分子を構成するメタ原子のひとつは、ホームセンターで買ってきた園芸用の銅線を、木ネジの溝を使って巻き上げて作った、銅の

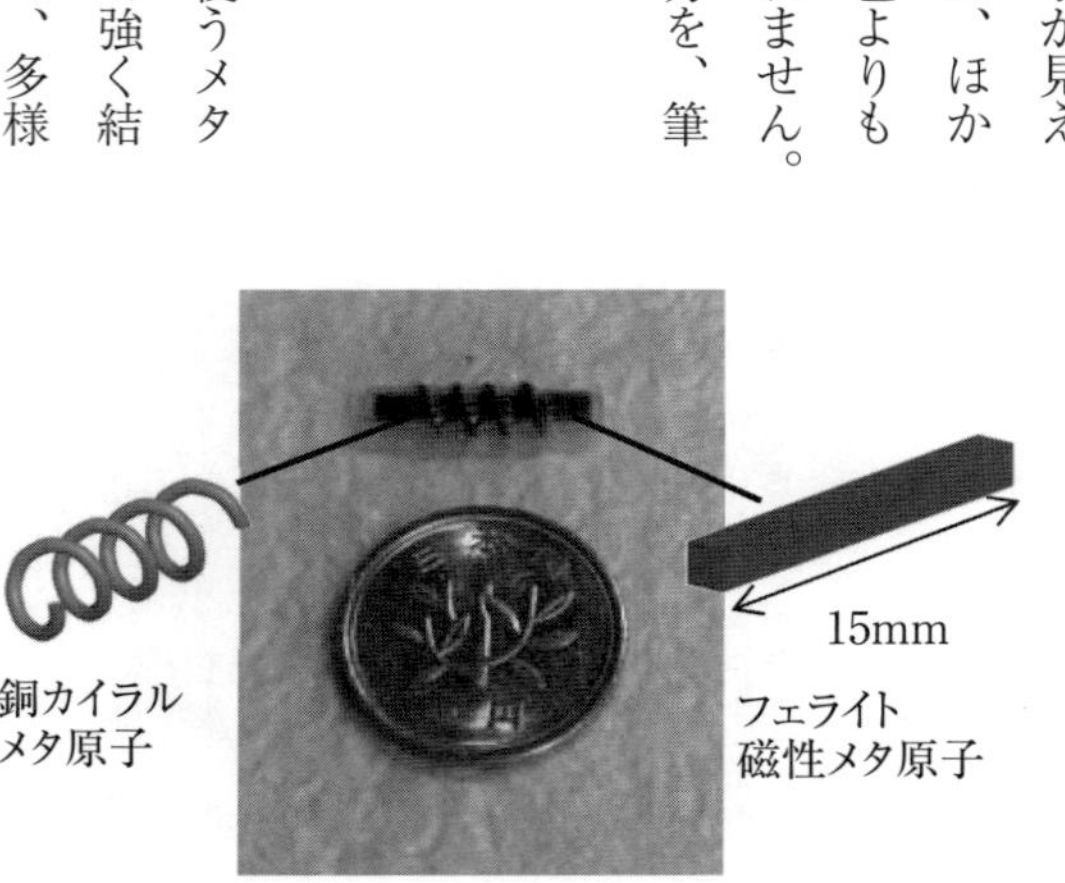

図1.9　磁気カイラルメタ分子と、大きさを比較するための一円硬貨。

カイラル構造です。このカイラルメタ原子に、フェライトと呼ばれる磁石で作った磁性メタ原子を差し込みます。これで二種類のメタ原子が組み合わさったメタ分子ができます。ちょうど水素原子と酸素原子から水分子が形成される要領です。図の下にあるのは日本の一円硬貨です。一円硬貨の直径はちょうど二センチメートル（覚えておくと何かの役に立つでしょう）つまり二〇ミリメートルで、メタ分子の長さはそれよりも小さいことがわかります。今回の測定で使う電磁波は、携帯電話に使われる周波数よりも少し高く、気象観測レーダに使われる一〇ギガヘルツ帯（X《エックス》バンド）のマイクロ波と呼ばれるものです。空気中での波長は約三〇ミリメートルです。よって光の波長よりも小さいというメタマテリアルの条件も満たしています。詳細は第11章で紹介しますが、このようなメタ分子を用いて、磁気カイラル効果を巨大化できることを筆者らは実験的に見出しました。

1・5 光にとっての「磁場」をつくる

筆者らが実現した大きな磁気カイラル効果は、一体なんの役に立つでしょうか？ まず、非相反なマジックミラーが実現できる可能性があります。その表と裏は磁場で切り替えることができます。赤外線など熱に関係する電磁波に使うと、エネルギー問題に貢献できると期待されます。さらに同じくらい興味深いことに、磁気カイラル効果を示す物質は光にとって「磁場」のように働くと予想されるのです。

磁場のように働くとは、どういうことでしょうか。光は電場と磁場による波といいましたが、ここでいう「磁場」はそれとは関係ありません。むしろ「磁場をかけたように光を曲げられる」ということです。では「磁場をかけたように光が曲げられる」とはどういうことでしょうか。ちなみに地上最強のネオジム鉄磁石を近づけても、光は曲がりません。それは光が電荷を帯びていないからです。

ここで磁場によって軌道が曲がる現象を理解するために視点を変え、一度光の話題から離れて、電荷を帯びた物体である電子を考えてみましょう。磁石が作るリアルな磁場の中を進む電子は力を受けます。これは第４章で登場する、フレミングの左手の法則（John A. Fleming, 一八四九～一九四五年）で表されるローレンツ力（Hendrik A. Lorentz, 一八五三～一九二八年）です。**図１・10**のような絵を見たことあるかもしれません。電流と磁場があるときに働く力の向きを表すフレミングの左手の法則は、磁場の下で電子が運動していると、図１・10のように電流の向き（電子の運動方向とは逆向き）を左手の中指、磁場の向きを人差し指としたときに、電子に働く力の向きが親指の方向になるというものです。この法則はローレンツ力と呼ばれる力を模式的に表しています。

いま磁場の向きを一定として、その中を反対方向に進む二個の電子（もしくは二本の電子ビーム）を考えます。フレミングの左手の法則が示す通り、ローレンツ力の方向は、電子の進む方向（と磁場の方向）によって決まります。つまり**図１・11**（a）のように、反対方向に進む電子は反対方向に曲げられます。これが「磁場をかけたように曲げられる」です。

ところが光の場合はどうでしょう。詳しくは第５章で説明しますが、光は屈折率を変化させれば曲げることができます。しかしながら通常の

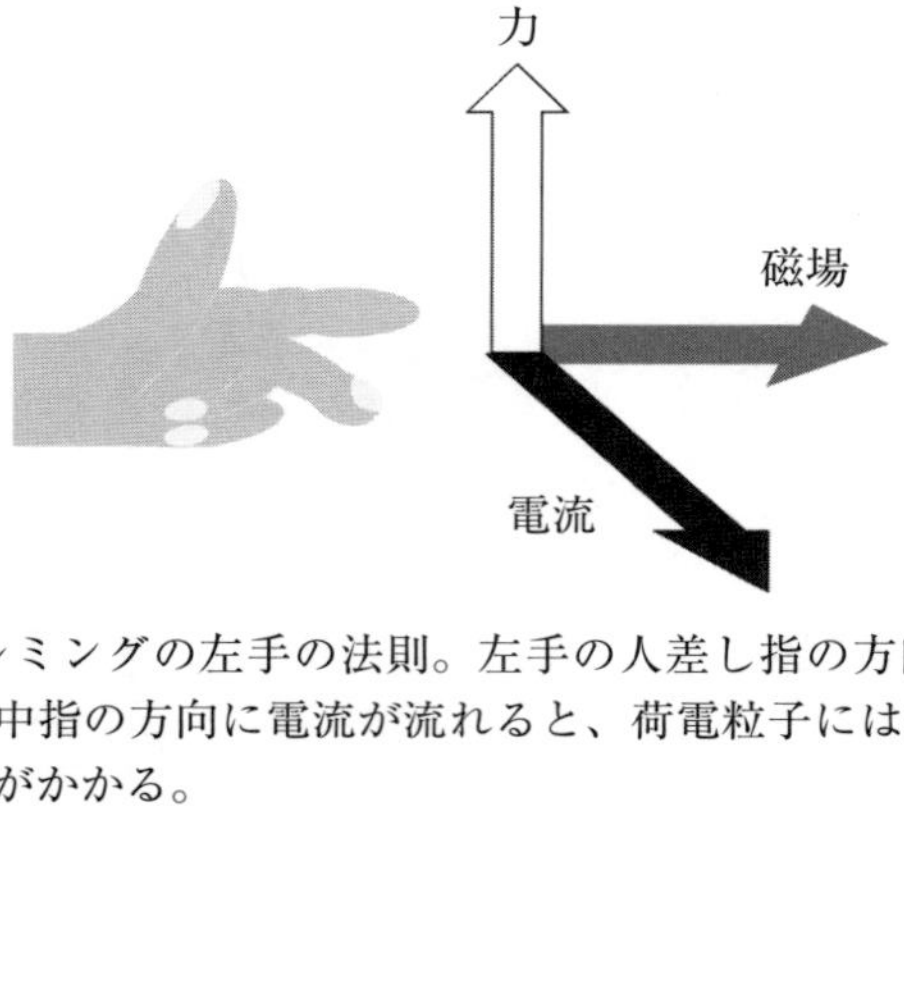

図 1.10　フレミングの左手の法則。左手の人差し指の方向に磁場がかかっており、中指の方向に電流が流れると、荷電粒子には親指の方向にローレンツ力がかかる。

物質では、その曲がる方向は光の進む向きとは無関係です。つまり反対方向に進む二本のレーザー光線は、屈折率の変化に伴って同じ方向に曲げられます。よって普通の物質を使う限り、磁場をかけたように非相反には曲げることはできません。ところが磁気カイラルメタマテリアルを用いれば、図1・11(b)のようにそれが可能になるかもしれないのです。なぜなら磁気カイラルメタマテリアルでは、表から入れるか裏から入れるかの光の進む方向によって、光のスピードや色が異なるからです。詳細は第11章で紹介することにしますが、磁気カイラルメタマテリアルの中で屈折率を変化させると、まるで磁場をかけたように光を曲げることができると考えられています。この考え方は第12章でみる、光のベリー位相理論として一般化できます。つまりメタマテリアルによって、光を曲げる「磁場」のようなものを実現することができ、その仮想的な「磁場」は光のベリー位相理論での曲率《きょくりつ》として表現することができるのです。

このように光での現象を考えるときに、一見似たような、しかしよく見ると異なる電子での現象と比べて考え

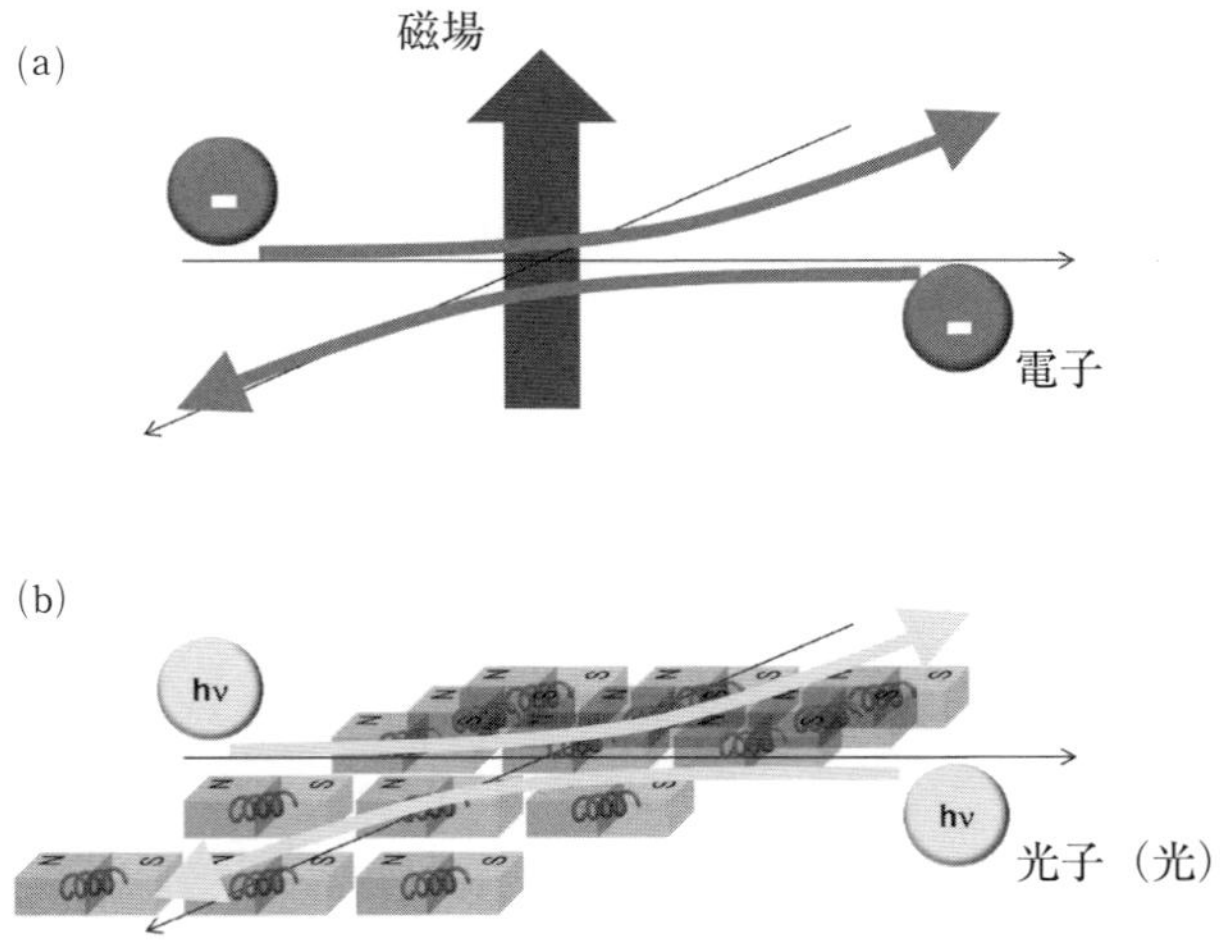

図 1.11 (a)電子が磁場によるローレンツ力を受けて曲がる。(b)磁気カイラルメタマテリアルを用いると、光が「磁場」を感じたように曲がる。

を深める手法を、アナロジーといいます。本書のもう一人の重要な登場人物であるアナロジーについては、後の第10章で詳しく見ていきます。え、光と電子は似ていないですって？　いえいえ、本書を最後まで読み進めると、似ているように見えてくるはずです。

第2章　見方を変えてみよう

第1章ではメタマテリアルの最前線まで一気に駆け上がりました。この章からは、基礎に立ち戻って、科学の考え方について説明します。

科学では、物事を多角的な視点から理解することがとても大切です。言葉を換えると、世界の見方が変わることとは、科学への第一歩です。ある現象があったときに、どういう目線から見るか、どういう立場で考察するかによって得られる印象はかなり変わってきます。たとえば、ある出来事について、それを体験した人がその内容を余すところなく完璧に説明してくれて理解した場合と、実際に自分が体験した場合とでは、感じ方は異なります。科学的には同じ現象であれば誰が体験しようと変わりはないのですが、自分がその場にいるかどうかで印象は異なるわけです。本章ではこのように見方を変えることの重要性を、サルの気持ちになったり、ジェットコースターに乗ったりするという具体例を通して見ていきます。

2・1　地図を読む

本題に入る前に、座標変換について説明します。座標変換というとあまり聞き慣れないし堅苦しく感じるかもしれませんが、日常生活でいうなれば、見方を変えることに対応します。まずは世界地図で座標変換をしてみましょう。

日本で世界地図というと、**図2・1(a)** のように、日本がだいたい真ん中にあって上側が北で下側が南の絵を思い浮かべます。右側に南北アメリカ大陸、左側にユーラシア大陸とアフリカ大陸が思い浮かぶでしょう。しかし地球上の全体で考えれば、当然ですがどこが真ん中ということもないわけです。みんな自分の国を中心として地図を描くので、国が違えば地図の中心も違ってきます。日本で見る世界地図に慣れていると、たとえばヨーロッパの国での世界地図を見ると図2・1(b) のように中心がヨーロッパになっているだけで、さほど違和感を感じません。しかしオーストラリアなどの南半球の国にある世界地図を見ると、図2・1(c) のように南北がひっくり返っていて地図の上側が南で下側が北なので、驚きます。実際にはこのような南北が反転した地図は、ジョークとして使われるものらしいですが。いずれにしてもどこを中心にしようが、どの向きで地図を描こうが地球そのものは変わらないわけです。しかしそうはいっても見え方や感じ方はだいぶ異なってきます。このように原点の位置をずらしたり、一八〇度回転したりすることは、座標変換の代表例です。

ほかにもいくつか例を挙げてみましょう。いまこの文章を読んでいるみなさんは、本を真っ直ぐにして読んでいるはずです。本を逆さまにして読書する人はあまりいないでしょう。何を言い出すんだろうと思われるかもしれませんが、本としては真っ直ぐだろうと逆さまだろうと、そこに書いてある内容は変わらないわけです。文字が逆さまであっても書いてある内容は同じですので、それを読んでいけばいい話です。しかし、現実的には逆さまの本を読むのはとても面倒です。ですから、本を読むときは普通に真っ直ぐに読むのがいいわけであって、逆さまに読むのは苦労するだけで、あまりおすすめできるものではありません。

たとえばコミュニケーションにおいても、視点を変えることが大事な場合があります。自己紹介するときに「初めまして、○○です」と名のります。自分にとって自分の名前（○○）はわかりきったことなので、さほどきち

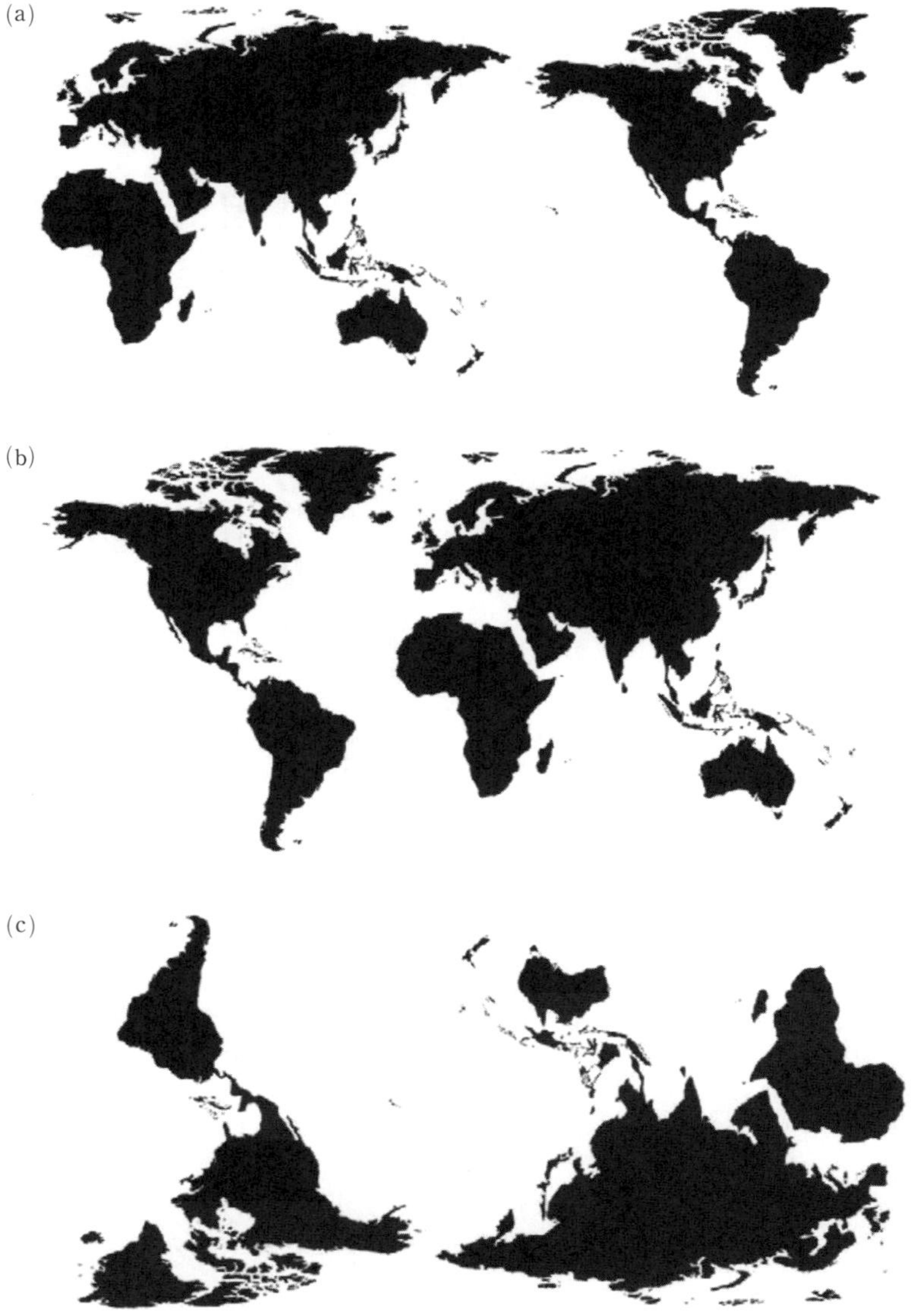

図 2.1 世界地図。(a)日本を中心にした場合。(b)ヨーロッパを中心にした場合。(c)日本を中心にして南半球を上にした場合。

んと発音せずに、つい早口で名前をいってしまうことがあります。それに、あまりにはっきりいうのもなんだか自己主張が強いような印象になるしなあ…などと思うとついつい控え目になります。しかし、それは自分の立場で考えている場合の話です。視点を変えて相手の立場になって考えてみましょう。相手にとってはあなたの名前は生まれて初めて聞くわけですし、それこそがまず第一に知りたい情報のはずです。それなのに早口でいわれると、聞き取れないことが多くて困ります。かといって何度も聞き直すのも、失礼なようで気が引けるものです。そうしたわけで自己紹介をするときには「自分の名前はゆっくりはっきりといわなきゃいけないな」と常々思います。しかし、理屈はわかっているものの実践できているかというと必ずしもそうではありませんが。

ともあれ、このようにして視点を変えることによって、物事の見通しがよくなったり、なにげない現象でもおもしろさを見出せる場合があります。逆に、うっかり視点を誤ってしまうと、たとえば真っ直ぐ本を読めばいいものをわざわざ逆さまに読んで混乱するようなことになってしまいます。もちろん、そこをあえて逆さまに読むことによって、普段は気づかないような発見があるかもしれません。この本を逆さまにして読んでみて、何か発見はあるでしょうか。筆者が実践したところ、ひらがなって、思った以上に丸っこいことに気がつきました。

それはさておき、視点を変えることは物理でも大切です。物理を理解するうえで有用であるだけでなく、時には物理を楽しむ意味でも有効な手段となります。これまで挙げた例は日常の話でしたが、ここからはもう少し科学的な話で考えてみましょう。いろいろな状況がありうるのですが、ここではなるべくわかりやすい例で、特徴的な二つの見方に絞って紹介します。その二つとは、外から傍観者として見るか、自分が当事者になって見るかという違いです。いわば、見学するのか体験するのかの違いのようなものです。具体的な例で見てみましょう。

2・2 バスに乗る

自動車やバスや電車に乗っていると、発車するときや急ブレーキをかけたときやカーブを曲がったときなどに、体がグラッとすることがあります。この現象は、どういう視点に立つかによって捉え方が異なります。乗り物は何でもいいですが、いまはとりあえずバスにしましょう。バスに乗ってる人の視点と、バスの外にいる人の視点とで、どのように捉え方が異なるのかを考えてみます。

一定の速度で走っていたバスがブレーキをかけたらどうなるでしょうか。まずは、バスの外から見ている人の立場で考えてみましょう。外からバスを見ていると、ブレーキがかかれば減速します。ただそれだけのことです。中にいる人たちに目を向けると、バスがブレーキをかけた瞬間はバスとは関係なくそのまま等速で動こうとしますが、バスが減速すると自分の手足で手すりにつかまるなどしてバスと同じ速度で落ち着こうという姿が目に入ってきます。

では今度は、バスに乗ってる人の立場になってみましょう。ブレーキがかかると乗客の身体は前に傾きます。このとき前から引っ張られたか、あるいは後ろから押されたような感覚になります。特に車内が混み合っているときには転びそうになってもう大変です。しかし、実際に何か押している力が存在しているわけではありません。バスの中の人はただ単に等速で動いているだけだったのが、バスの速度が変わったために身体が傾くように感じたのです。これは見かけ上の力が働いたという言い方をして、このような力を慣性力《かんせいりょく》といいます。物理現象としてはバスの外から見ようが中にいようが変わらないのですが、実体験としてはだいぶ異なります。慣性力にもっと親しむために、さらに顕著に感じられるような例で考えてみましょう。

２・３　ジェットコースター

ジェットコースターは何十年も前から遊園地の人気アトラクションのひとつです。それではなぜ、人はジェットコースターに乗りたいと思うのでしょう。あるいは逆に、絶対に乗りたくない人もいるかもしれません。もしそうだとすれば、なぜ苦手なのでしょうか。物理現象として見たジェットコースターは至極単純です。カートに乗り、決められたレールの上を走るだけで、それ以上でもそれ以下でもありません。そういってしまえばそれまでなのに、実際に乗ってみると、激しく上下左右に揺られ、心穏やかではいられません。せっかくなのでその状況を想像してみましょう（図２・２）。

歓声や悲鳴を耳にしながら、列に並んで順番を待ちます。自分の番が来たらシートに座り、ベルトで身体を固定します。準備ができて動きだすと、ガタンガタンと音をたてながら、まずは高いところへとゆっくりと登っていきます。高くなるにしたがって、風が吹いてきたり遠くの景色が見えてきたりします。また、落ちたらどうしようという恐怖心が生まれたり、あるいは景色が綺麗で感動したりで、物理的にどうこうというよりは、心情的な変化を楽しむことができます。やがて頂上を過ぎ、止まるくらいにゆっくりになったかと思うのも束の間、身体がふわっと浮くような感覚になって急転、一気

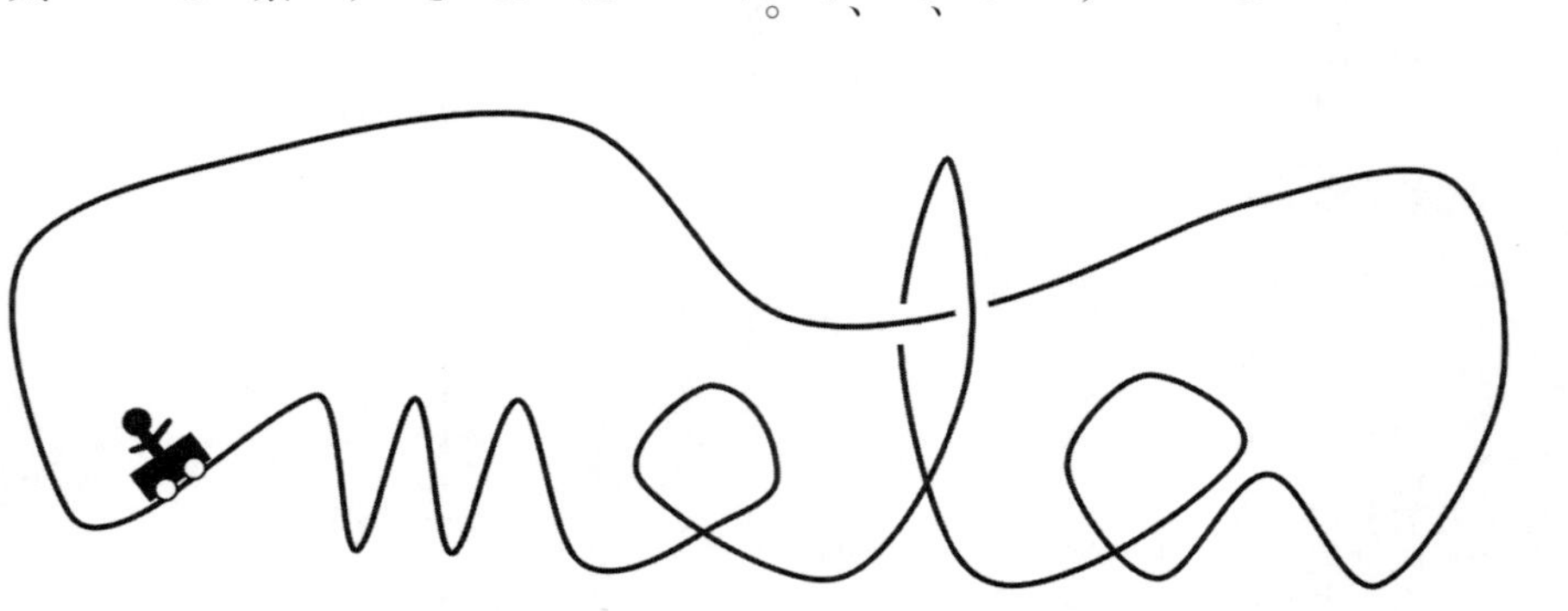

図 2.2　ジェットコースターを楽しむ。

に下りながら加速します。下りの角度が急であればあるほど、感じ方としては無重力に近く感じることでしょう。そして地面に近づいたかと思うと、コースは急に上へ向かい、身体がシートへと押し付けられるような感覚になり、コースはひねりながら一回転したりします。

このような状況をフェンスの外側から見ている人は、一回転しているときは逆さまになったりするから、落ちそうに見えるし怖いだろうなぁと思ったりします。しかし実際にコースターに乗っている立場では、一回転に差しかかったあたりから目の前の景色はレールがそそり立つように見えて、落ちそうに感じるどころかむしろ逆にコース側に押し付けられているように感じられることがあります。つまり外から見ている人と、実際に乗っている人とでは、力を受ける印象が異なっているわけです。このときに乗っている人が感じる力が慣性力です。ジェットコースターでは一回転するだけではなくさまざまな方向へ動くので、乗っている人の目線では、さきほどのバスの乗客の話で述べたような慣性力がさまざまな方向へかかることになります。

慣性力といっても、どういうタイミングでブレーキがかかるとか、カーブがあって曲がりそうだとかが、バスのようにある程度は予測できるとまだいいのです。しかしジェットコースターではスピードが速いために、予測する間もなくどんどん次へ次へと進んでいくので、余計に激しい力として感じられます。そうした力だけでなく実際には、高いところまで登って急降下したりで恐怖心などの心情的な面が加わり、さらにおもしろくなるわけです。

2・4 モンキーハンティング

別の例として、モンキーハンティングと呼ばれる現象を考えます。視点を変えることで、現象の見え方がどう変わってくるのかを考察してみましょう。図2・3(a)のように、木の上にいるサルを目がけてボールを蹴るとします。しかしサルもその気配を察知して、ボールが蹴られるのと同時に木から落ちてボールを回避しようとするとき、どうなるでしょうか？

この問題は、物理で力学という分野を勉強すると計算で答えを出すことができます。実際に計算してみると、サルに必ずボールが当たるという結果が出ます。ボールを速いスピードで蹴ると高いところで命中し、遅いスピードで蹴ると低いところで当たります。あまりにも遅いスピードだとボールが先に地面に落ちてしまいますが、それでも、仮想的に地面の下までボールとサルの軌道を描いていくと必ずサルにぶつかります。これって不思議ですよね。この現象を誰かが近くで見ていたとすると、たまたまサルを目がけて蹴ったボールが命中するのは奇跡にすら思えます。

しかし見方を変えて自分がサルの目線に立ったつもりで考えると、奇跡でもなんでもなく必然に思えてくるのです。サルの立場になってみると、重力の影響はボールとサルとで共通なので、両者の間ではあたかも重力が作用していな

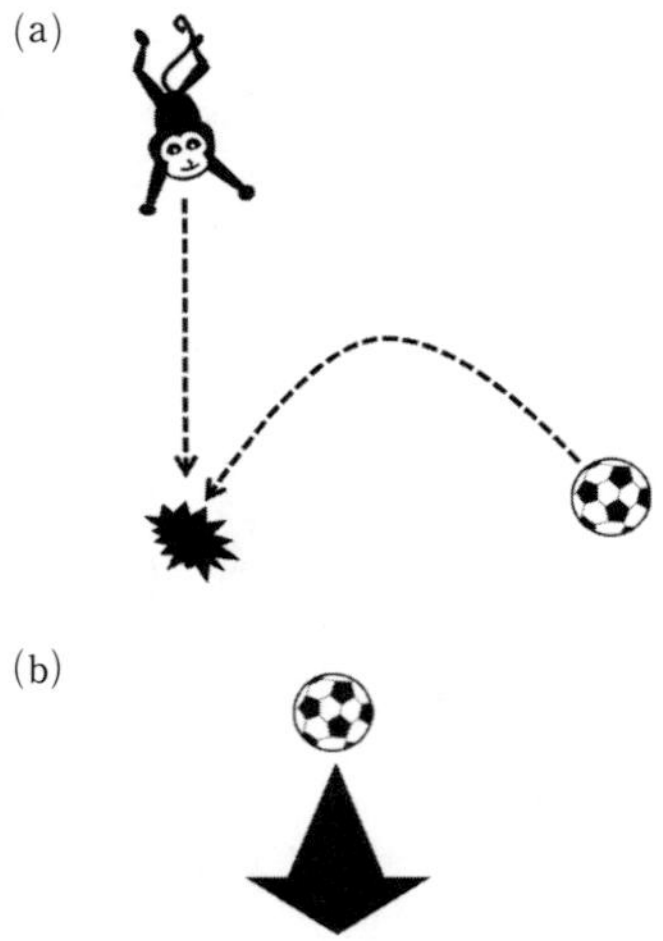

図2.3　モンキーハンティング。(a)人間目線と(b)サル目線。

い、無重力と同じような状態になっており、図2・3（b）のように、ただ単にボールが自分に目がけて等速直線運動でやってくるように見えます。たとえるとボウリングのピンになったような気分で、自分に向って真っ直ぐ飛んでくるボールをよけたくても避けられないわけです。

同じことですが言い方を変えましょう。ちょっと乱暴な設定ですが、水平な板の上にいるサルに向かってボールを転がして当てるとき、その板を丸ごと自由落下させてみます。板が自由落下しているとボールとサルは相対的には何もしていません。ただ単に面の上をボールが転がってサルに当たるだけのことです。でもその現象を板ではなく、地面に座っている人の目線からみるとどうでしょうか。板の上を転がるボールは、外から見ると放物線を描いているように見えます。一方サルは、板の上に止まっていると、外から見れば板と一緒に真っ直ぐ落下しているように見えます。これらを合わせると、ボールの描く放物線とサルの直線とがぴったり同じ場所で当たるように見えるわけです。

この例は物理現象を考察する際のひとつの教訓を示しています。直線よりは曲線の方がわかりにくいため、放物線という曲線を描くボールが当たると奇跡に思えるけれど、それはあくまで人間の感覚的な問題だということです。物理法則はシンプルにできており、実際にいまの現象もちょっと見方を変えるだけでとてもシンプルに理解することができるわけですから。おもしろいことにこの逆の場合もあって、一見すると当たり前のような現象であっても、見方を変えるとてもおもしろい現象に感じられることもあります。別の具体例を通してもう少し考えてみましょう。

2・5　オイラー vs ラグランジュ

図2・4のようなボートでの川下りについて、客観的にみる人と当事者との二通りの見方で眺めてみます。まずは、誰かがボートで川下りしている様子を橋の上や展望台のような高いところから眺めている、そんな状況をイメージしてみましょう。高い所から目をおろすと川が流れている様子が見えてきます。川は曲がりくねっていて、所々には岩があったりします。川の曲がり具合や幅や深さによって、流れの速度も速かったり遅かったりする景色を思い浮かべます。そこをボートが川下りしているとします。どうなるでしょうか。ボートは川の流れに沿って下っていきます。流れが速いところではボートも速くなり、ゆるやかなところでは遅くなったりします。また川が急に曲がっているところではボートも角度を急に変えられたり、真っ直ぐなところではボートも真っ直ぐ進むことでしょう。

ここで展望台から川を眺めているとき、自分は立ち止まっているとします。このとき自分は止まっていても、当然ながら時間は進みます。なぜいきなり時間の話になるのか、変に思われるかもしれません。しかし物理的にはこの後の話と対応して大切です。自分は止まっているのだから、目に見えている景色に変化があれば、それは時間が経つことで変わっていっているという認識になります。なお、このような見方は流体力学という分野

図2.4　ボートでの川下り。

では名前がついていて、オイラー流の見方と呼ばれています。ここでいうオイラー（Leonhard Euler, 一七〇七～一七八三年）は、有名なスイス生まれの数学者です。

ではさきほどとは立場を変えて、自分がボートに乗って川下りしている状況をイメージしてみましょう。今度は、高い展望台の上からのん気に景色として眺めていた場合とはだいぶ違います。「うわっ、いきなり揺れたかと思ったら岩があった」というエキサイティングなこともあれば、「この辺は全然揺れなくて穏やかだなぁ」とゆったりした気分になったりなどと、その場その場で川の状態を肌で感じることになります。展望台の上から眺めていたときは傍観者としてでしたが、自分がボートの上にいる当事者になっていることで印象がずいぶん異なるわけです。そのため、川の全体を俯瞰《ふかん》的に見ることができず、自分より少し先の状況を把握するのが精一杯です。

また、時間の感じ方もさきほどとは少し変わってきます。ボートで川下りをしていると、時間が経つにつれてボートもどんどん移動していきます。時間を止めて移動することはできません。瞬間移動になってしまいます。さきほどの展望台の上から見ていたときはボートの動きと自分とは関係なかったので、テレビの映像を見ているかのように傍観者としての立場でした。しかしいまはボートに乗って時々刻々と移動しています。言い換えると、時間の経過を自分のいる場所で辿ることができるわけです。

このように自分が川を流れるボートに乗っているような当事者になった立場での視点は、流体力学ではラグランジュ流と呼ばれています。解析力学で有名なイタリア生まれのラグランジュ（Joseph-Louis Lagrange, 一七三六～一八一三年）が起源です。傍観者としてのオイラー流と比較すると、どちらも同じ現象を述べているにも関わらず、印象はかなり異なって感じられるのではないでしょうか。川とボートをもちだして話をしましたが、さきほどのジェットコースターの例と同じような内容じゃないか、と思われたとしたら、確かにその通りです。もちろん違う話なのだからいろいろと違いはありますが、違う題材の間に共通点を見出すことができたとすれば、それだけ理解が深まったということです。このように見方を変えることは、第5章で屈折率やインピーダンスが登場するときに重要になります。

2・6　磁気と相対性理論

ここまではサルの気持ちになってみたり、バスやジェットコースターに乗ったり、川下りをしてみたり、展望台から眺めてみたりなど、話があちこちに飛んでいました。どの例を見ても、とても磁気と関係するとは思えません。しかし実は、こうして見方を変える考え方は磁気と電気との関係にもつながる話なのです。どうつながるかを担っているのが相対性理論です。

アインシュタインの相対性理論によれば、止まっているときには電気として見えるものでも、動いているときには磁気に見えたりします。逆に止まっている人には磁気であっても、動いている人には電気に見えたりします。ただし動いているといっても、光の速度に近いくらい速くないと顕著にはなりません。このように動いている立場にうつる座標変換はローレンツ変換と呼ばれています。このローレンツ変換は、そもそも相対性理論ができる前から考えられていたものです。電気や磁気の現象とローレンツ変換とがうまく合うようにしていくと、相対性理論が見えてきます。しかしいまは、相対性理論はここまでにとどめて詳細には立ち入らないことにします。座標変換の考え方は、後の第4章や第12章で非常に重要な役割を果たしますので、それまでとっておくことにします。

第3章 磁気と電気の準備体操

ここでは磁気の世界に本格的に入るための準備をします。そのために電気との比較をしてみます。磁石で現れる磁気と、電池で蓄えられる電気は、古くはそれぞれ別物として考えられていました。しかしさまざまな現象の考察から、磁気と電気は実は互いに関係しあっていることがわかり、学問としても電《でん》磁《じ》気《き》学《がく》としてひとつにまとめられました。本章では、身の回りにある現象から磁気と電気の性質を見直すことで、磁場・電場という場の考え方を学び、現象を科学的に考察する方法を紹介します。それでは早速、身の回りのものを見つめ直すことから始めて、物理現象に思いをはせていくことにしましょう。

3・1 身の回りの磁気と電気

磁気と聞くと、みなさんはどんなことを思い浮かべるでしょうか。身近な例では磁石でしょうか。磁石をもって外に出て砂につけてみると、砂鉄がくっつきます。これは砂鉄が磁気を帯びているためです。磁石にはN極とS極があります。N極どうしやS極どうしを近づけると反発しあいますが、N極とS極を近づけると引っ張り合います。

磁石のこうした性質を応用した道具として方位磁針（コンパス）が思い浮かびます。そもそも磁石のN極とS

極という名前は、方位磁針から来ています。N極は英語で北を表すnorth、S極は南を表すsouthの頭文字からとっています。地球も大きな磁石です。そして地球の北極（の近く）が、実は磁気的にはS極になっています。よって方位磁針のN極が普通はほぼ北の方角を指し示してくれるのです。方角としてのNは北を表しますが、磁気的には北極付近がS極になっているので紛らわしいといえば紛らわしいですが、歴史的経緯もあるのでしょうがないですね。

ほかにも身の回りで磁気が使われている例として、電車やバスの切符やクレジットカードなどで使う磁気カードがあります。これは小さな磁石の向きを変化させて情報を記録し、読み出すものです。またモータや発電機にも磁石は用いられています。つまりエアコンや冷蔵庫、洗濯機や自動車にも磁石は使われているのです。ただ、仕組みとしては磁気であっても、磁石がくっついたりするようにして私たちの目でわかるわけではないので、あまり実感が湧かないかもしれません。

一方で電気は、より身近に感じられるのではないかと思います。電気は、日常生活で「電気をつける」というように、照明の意味をもつ代名詞としても使われるほどに欠かせないものとなっています。本書を読んでいらっしゃるみなさんも、おそらく電気を使って照らした明かりの下におられるかと思います。科学用語での電気は、こうした照明の意味を指すわけではなく、その仕組みを担っている現象や性質を意味します。乾電池やバッテリーは電気を溜めています。電気はスマートフォンやパソコン、電車や電気自動車を動かします。これら身の回りで電気が関わっている現象では、電子が主な役割を果たしています。たとえば電流はマイナスの電気を帯びた電子の流れによって生じます。慣例として、電子の流れの逆向きが電流の方向となります。ここで電気だの電流だの電子だのというと、どれが何のことだか混乱するかもしれません。電気を担う素粒子が電子で、電子の流れが電流であるとまずは理解しておいてください。

3・2 磁気の原理は実は難しい

ところで素朴な疑問として「どうして磁石にはN極とS極があるの?」と思います。これに答えるのはそう簡単ではありません。磁石はいつも身近にあり、誰でもよく知っている存在です。しかし、そもそも磁石とは何なのか、と改めて問われて説明しようとすると、わからなくなります。なぜ磁石に磁気的な性質が現れているのかを理解しようと思うと、なかなか難しくて相対性理論と量子《りょうし》力学《りきがく》を駆使しなければなりません。学校でいうならば大学三~四年生程度の知識を必要とします。

次に、どうして磁石にはいつもN極とS極とがあるのかには、やや深遠な問題が潜んでいます。いまのところ我々が住む世の中にはN極だけや、S極だけの磁石は存在せず、磁石には必ずN極とS極が共存しています。たとえば磁石の周りに砂鉄をふりかけてみると、砂鉄が曲線を描きます。この曲線は磁力線に沿ったものであり、磁力線は磁石から出て始まり、磁石に戻ってきて終わります。つまり磁力線は必ず閉じた曲線になります。曲線が途中で切れることはありません。これは物理の言葉では、磁気単極子《たんきょくし》が存在しないことを意味します。単極とはN極のみあるいはS極のみのことで、単極の磁石は我々の身の回りには存在しません。

ただし科学の世界で存在しないことを本当に証明することは、一般にはできません。存在することを証明するのなら、ひとつだけ例を挙げればこと足ります。しかし存在しないことを示すには、あらゆるすべての条件でも存在しえないことをいわねばならないため、一般には不可能です。したがって「磁気単極子が存在しない」というのは、現時点において発見されていないという意味です。ともかく、単極子が存在しないのは磁気の特徴のひとつといえます。

これは電気と対比させて考えてみるとはっきりします。電気単極子は存在します(図3・1aとb)。マイナスに帯電した電子もそのひとつです。もっと身近に感じるには、たとえばプラスに帯電した金属の球もそう見なすことができます。このときプラスに帯電した金属球から電気力線が湧き出しています。ここで「湧き出し」という言葉を使いました。これは物理的にたとえるなら噴水のようなイメージです。また、数学にも用語として定義されており、数式の上でも湧き出しがあると表現できます。反対にマイナスに帯電した金属球は、電気力線を吸い込みます。

一方で磁気の場合には磁気単極子が存在しませんので、磁力線の湧き出し（吸い込み）がない、という言い方ができます。これを表す数式は、第4章や第6章で出てくるマクスウェル方程式のひとつです。磁石にはN極とS極があり、N極から出た磁力線はS極へと吸い込まれます（図3・1c）。つまり電気の場合と異なり、磁石では「湧き出し」（N極）と「吸い込み」（S極）がつねにセットとして世界に存在しています。これは磁気双極子《そうきょくし》と呼びます。どうでしょう。身の回りにあって馴染みのある磁石であっても、その仕組みは意外と難しいですね。

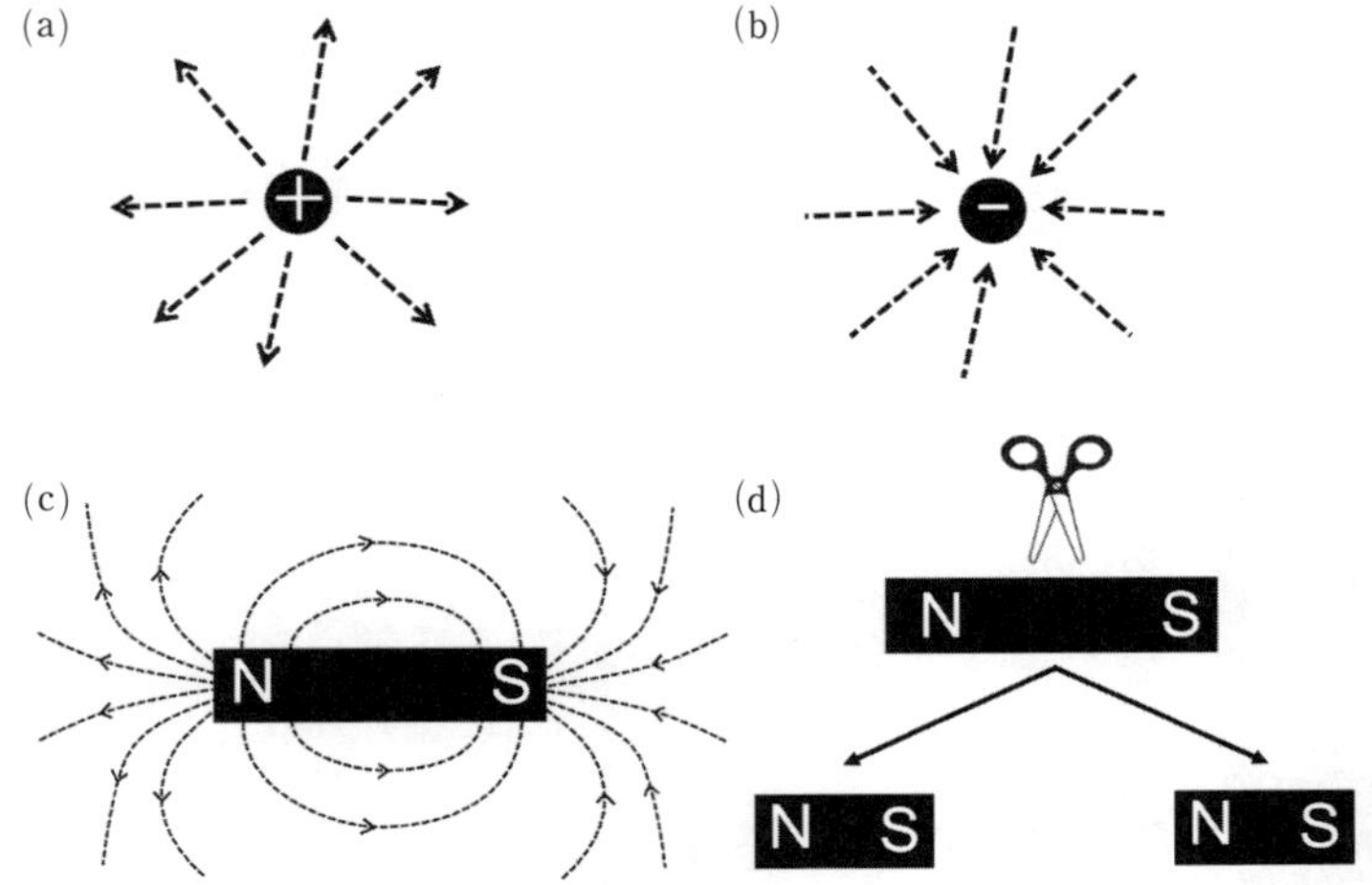

図 3.1　(a)プラスに帯電した電荷と電気力線。(b)マイナスに帯電した電荷と電気力線。(c)磁石の磁力線。(d)磁石をN極とS極との間で切ると新たにN極とS極が生じて2個の磁石になる様子。

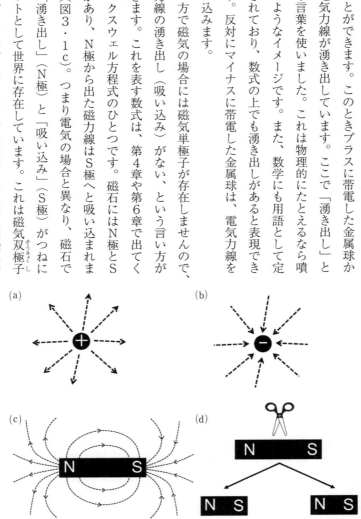

磁石にはいつもN極とS極があるといっても、じゃあその真ん中で切ったらN極とS極とを分けられるんじゃないのかな、という疑問が湧くでしょう。ところが実際にやってみると、図3・1（d）のように、切った磁石の両端に新たにN極とS極ができてしまいます。結局は単に磁石が二つに増えただけのことになります。ただしそんなことをいわれても、日常で磁石を二つに切るという機会はほぼないので、実感は湧きにくいですが。

3・3 電界と磁界、電場と磁場

ここで用語について述べておきます。勉強を進めていくうえで、新しい専門用語に出会う機会は多いものです。新しく知る用語は、得てしてそういう概念自体にも初めて接するので、用語もわからなければその説明の意味もよくわからないという戸惑いの原因にもなります。しかもさらに困ったことに、専門用語は意味がはっきり決まっているとは限りません。研究分野の慣例によって意味合いが異なったり、あるいは同じ研究分野の人たちの間でも人によって意味が違う場合もあって、研究者どうしでも勘違いのもとになることがあります。

ところで、日常で使う言葉であっても、研究の現場で使われているときには少し違った意味をもつ場合があり、かなりやっかいです。よくある例が「または」です。日常であれば、「AまたはB」というと、AとBのどちらか一方のみを指します。しかし数学では、AとBのどちらか一方、もしくはAとBの両方という意味になります。数学でそうならばほかの自然科学はどうかというと、それは場合によって違い、日常のように一方のみを指すこともあれば、数学と同じ意味の場合もあります。

このように単語が同じであっても意味が異なると厄介です。その一方で、同じ意味にも関わらず研究分野によって違う言葉で呼ぶ場合まであります。その例が電場と電界、磁場と磁界です。どちらも同じ意味で英語ではそれぞれ electric field と magnetic field なのですが、field という言葉を日本語でどう訳するかが分野によって異なります。

大まかにいえば、電気・電子や機械など工学系の分野では電界と磁界と呼び、物理や化学など理学系の分野では電場と磁場と呼びます。工学系の研究者と理学系の研究者が話していると、同じ意味なのに電界や電場など違う呼び方を使うことがあります。それでも誤解が生じることは、不思議なことにほとんどありません。そもそも混同するというのは似ているものどうしや、同じ言葉なのに意味が違うような場合に生じるものですから、最初から区別されていれば間違うことはないのは当然といえば当然です。本書では電場と磁場と呼ぶことにします。

いまなにげなく電場や磁場という言葉を使いましたが、自然科学において「場」という概念は実は見た目以上に奥が深いものです。日常生活で場といわれて思い浮かぶのは、広場や運動場のような広い土地であったり、工場や市場や劇場のように特別な何かが行われる空間というような意味合いでしょう。自然科学の用語としての場も、日常と同じ意味のときもありますが、少し捉え方が違います。場を英語では field といいます。畑と同じ呼び方をしているのは、畑に実った穂のようなイメージからきています。たとえば畑のそれぞれの場所から麦が育ち、その先端には穂がふくらむ情景を想像してみましょう。この麦が生え出ている場所を始点、穂先を終点とするような矢印を想像すると、これがベクトルです。そしてまさに麦畑がベクトル場のイメージです。

3・4 定性的と定量的

科学において、物事を理解する際の捉え方を表す大切な言葉として、定量《ていりょう》的と定性《ていせい》的という言葉があります。日常ではあまり使うことがない言葉だと思いますので、ここで説明しておきましょう。定量的な理解とは、量という言葉が示す通り、具体的な数値などを通して理解することです。一方で定性的な理解とは、あからさまな数値は出さなくても、あっちがこうなればこっちがこうなって…というように、大まかな傾向を掴むことです。

たとえば、熱いお風呂に冷たい水を入れたらどうなるか？　という問題を考えましょう。熱いものと冷たいものを一緒にしたらその間の温度になるんだから、お風呂は冷めるね、というのが定性的な理解です。それに対して、お風呂のお湯と冷たい水の熱量のやりとりを具体的に計算して、お湯の温度を求めるのが定量的な理解となります。

物事を理解するには、単に答えがわかればいいというのではなく、さまざまな角度から見つめることが大切です。科学の世界では定性的な理解と定量的な理解が得られれば、ひとまず安心です。ただしどちらにしても理解の仕方はひと通りではありません。定量的に考えるにも計算の手法は何通りもあるかもしれません。定性的に考えるにもいろいろなアプローチがありえます。さらに、定量的にも定性的にも理解が得られたとしても、それで果たして自分が納得できるかどうかはまた別問題です（→コラム３・１「半額セール」）。

本書では定量的な議論はほとんどせずに、主に定性的な考え方や、さらにそこからもっと飛躍したようなたとえ話を用いながら、いろいろな現象を説明していきたいと思います。

3・5　現象論

上の定性的な理解のところでも出てきましたが、さまざまな現象を理解しようとする際に、どういうアプローチをとるかはとても重要です。科学的に研究するのであれば、できる限り水も漏らさないような緻密な考察をすることが理想的です。しかし一方で、細かい事情はさておいて大まかにどうなってるのかを把握することも時として重要です。大まかに把握しようとするアプローチは現象論と呼ばれています。現象論とは、必ずしも根拠がはっきりしていなくてもある程度のことを仮定したうえで、どうなるかを議論するアプローチです。一方で原子レベルからすべてを理解しようとするアプローチもあり、これは微視《びし》的アプローチと呼ばれます。どこまでが微視的で、どこからが現象論と呼ばれるのかは場合によります。たとえば、本書で主な対象としている物質の光学的性質でいえば、物質の原子や分子の動きから議論するのが微視的アプローチです。それに対して、そうした詳細には立ち入らずに大まかに屈折率などで性質をまとめてしまう議論が、現象論だということができます。本書では現象論的に話を進めます。

さて、これで準備体操が終わりました。次章から本格的に磁気の世界に入って行きましょう。

コラム 3・1

半額セール

定量的な考察と定性的な考察の例として、お店での買い物を考えます。あるお店で全商品半額セールをやっているとします。ただし税金が８％かかると仮定します。このとき、1,000 円の品物を買うとして、以下の２通りの計算をしてみます。

⑴半額にしてから消費税８％を足す。
まず 1,000 円を半額で 500 円にして、そこに８％を足すと 540 円。
⑵消費税８％をたしてから半額にする。
まずは 1,000 円に８％を足して 1,080 円にして、それを半額にして 540 円。

結果的には、どちらも同じ 540 円になります。ただしこれはあくまで消費者の目線であって、お店側では収める税金額が異なるかもしれないので要注意です。ともあれ同じ 540 円になるのは当たり前といえば当たり前なのですが、いざ自分がレジの前にいたとしてレジに表示される値段を見たときに、⑴と⑵とでは感じ方が違うことがあります。これを定量的な理解と定性的な理解の両方の立場から考察してみましょう。

まず定量的な理解です。消費税８％を足すことは金額に 1.08 をかければよく、半額にするには 0.5 をかければいいので、⑴と⑵の違いはもとの金額に 1.08 と 0.5 をどの順番で掛け算するかの問題です。掛け算は順番を逆にしても答えは同じです。さらにいまの場合は 1,000 円の買物をする際には端数は生じないので、結局はどちらであっても同じ答えになります。

次に定性的な理解をしてみましょう。⑴では先に金額を半分にするので、もともとの消費税の金額も半額になります。一方で⑵では先に消費税を足すので最初は金額が大きくなるように見えますが、その分だけ半額にしたときの値引額も大きくなります。

そうしたわけで結局は⑴も⑵も同じだった、というように理解できます。しかしこの買い物の例において、いくらもっともらしい説明をされたとしても、気分的にはどうも納得できないという人もいると思います。ちなみに、筆者も釈然としない派です。

第4章 磁気とはなんだろう

磁気が関わる現象の大半は、電磁気学という古典物理学の中の枠組みで理解することができます。しかし物質がもつ磁気的性質（磁性）の起源を探るには量子力学が必要になってきます。慣れ親しんでいるようでも磁気は、実は量子力学や相対性理論などが関わっている、とても奥が深い世界です。ここではよく知られたフレミングの左手の法則を入口として、粒子と波動に思いを巡らせながら、磁性の担い手のひとりであるスピンが活躍する世界を進みましょう。

4・1 フレミングの左手の法則から電磁気学の基礎へ

磁気がもたらす力は不思議です。まずフレミングの左手の法則をおさらいしましょう。フレミングの左手の法則とは、電流と磁場があるときに働く力の向きを表すものでした。第1章図1・10で示したように、磁場の下で電子が運動していると、電流の向き（電子の運動方向とは逆向き）を左手の中指、磁場の向きを人差し指としたときに、電子に働く力の向きが親指の方向になります。この法則がローレンツ力を模式的に表わしています。この法則を初めて学校で習うときには、特に何の疑問も抱かずに「そんなもんか」と思うものですが、勉強を進めていくとむしろ不思議な現象に思えてきます。

まず不思議なのが電流の向きと関わっていることです。言葉で「電流」といってしまうとそれまでですが、実際には電子の運動です。電子が動くと電流が流れます。ただし電子の電荷がマイナスですから、電子の動く方向と電流の方向とは逆向きです。そうした符号の違いはともかく、ローレンツ力は電子が動いていないと働かないのです。日常の感覚としては、動かないと力が働かないというのはイメージしにくいかと思います。電子の立場になってみると、自分が止まっているときには何にも力を感じないのに、動き出すと力を受けて重心の位置が変化するわけですから「だるまさんがころんだ」のような状況とでもいえましょうか。止まっていると何も起きないけど、動いてしまうと捕まる（力を受ける?）という意味では。

もうひとつ、力を受ける方向が不思議です。再び図1・10を見てください。フレミングの左手の法則によれば、力の向きは磁場の向きとは垂直です。垂直な方向に力が加わるというのは馴染みにくい現象です。普通は、たとえば手で物体を押せば、物体に加わった力は手で押した向きと同じです。手で押したのに、その向きとは垂直な方向へ力がかかるというのはなかなか想像しにくいですね。とはいえ、そのような例はまったくないわけではなく、お餅のようなものを考えると手で上から押しつぶせばお餅は上下方向にはつぶれますが、左右方向には広がりますからいわば手で押したのとは垂直な方向への力だと考えられます。ただしお餅がつぶれる場合は、ある大きさをもった物体として横へ広がってしまうわけなので、さきほどの電子の場合とはちょっと意味合いが異なってきます。お餅の全体の形としてはつぶれて横に広がっても、お餅の重心は横にはズレません。

これらの2つのことを合わせると、さらにまた不思議な感覚になります。自分が電子の立場になったと思って、どう力を受けるのかを考えてみましょう。まず自分がまったく動かずに止まっていれば、何も力を受けません。しかし前に動くと、動いた方向とは垂直に横方向へと力を受けます。だったら、そうして力を受けるであろう横方向に最初から動いたらどうなるでしょう。今度はその横方向とは垂直な方向に、前や後へ力を受けることになるわけです。したがって一定の磁場の下で運動する電子はどういう軌道を描くかと考えると、動いている向きにつねに垂直な方向に力を受け続けるわけですから、電子は真っ直ぐ進むことはできずに曲げられます。曲がった方向に動くと、今度はその方向に垂直な力がかかるわけですから、結局は電子は円を描いてぐるぐる回ります。この円運動は有名な現象で、サイクロトロン運動と呼ばれます。

このようにしてフレミングの左手の法則は、そのまま鵜呑みにすれば何てことはないかもしれませんが、いろいろと疑問に思い始めるとなかなか不思議なことなのではなかろうか、ということが理解していただけるかと思います。磁気に研究者が心を惹かれる理由の一端は、このフレミングの左手の法則にも現れているともいえます。もちろん現在の研究の最前線で、この法則そのものを研究するということはありません。むしろ、不思議に感じるということが研究を始めるきっかけとなるわけです。

4・2 電磁気学から相対性理論へ

電磁気学は、スコットランド生まれの物理学者の名前を冠した、マクスウェル方程式（James C. Maxwell, 一八三一～一八七九年）という四つの方程式で語ることができます。いまなにげなく電磁気学と書きましたが、電磁気とは電気と磁気をあわせて書いたものです。電気と磁気を同じくくりで書くことができるというのは、昔は当たり前のことではありませんでした。科学者たちがさまざまな実験をするうちに、電気と磁気が実は関係していることが明らかになりました。電気が磁気を生み出すことができるし、逆に磁気によって電気を発生させることもできるのです。そうした電気と磁気の関係はやがて数学の言葉を用いて、マクスウェル方程式という形でまとめられました。詳細は第6章で紹介します。

このように実験の結果を考察していくうちに、理論の大きな枠組みができあがっていくのはとても素晴らしいものです。では、このように実験結果をまとめて説明できるような理論ができたら、それでおしまいかというとそうではありません。むしろそれは新たな学問の始まりだといえます。実験で観測された事実を理論で説明するのは、いくつかの具体例から一般的な法則を探るという考え方です。このような考え方は帰納《きのう》的な考え方と呼ばれます。

その逆の考え方として演繹《えんえき》があります。演繹的な考え方とは、一般的な法則などがわかったときに、それを今度はほかの例に応用してみるようなやり方です。せっかく新しく理論ができたんだから、逆にその理論から、これまでだれもやったことのない実験の結果を予言することができるはずです。マクスウェル方程式は実験事実から出発して、帰納的に電気と磁気との関係性がこうであろうと示されたものです。そこで今度は逆に演繹的にマクスウェル方程式が成立しているとしたときに、ほかにどういう現象が考えられるだろうかという疑問が湧きます。そしてまさにこれこそが大切なのです。

マクスウェル方程式を考察していると、電気と磁気は波として伝わっていくことができるのではという予想ができました。電気が磁気を生み出し、その磁気がまた電気を生み出し、という現象が繰り返されるような波の存在が示唆されました。この波がまさに電磁波です。電磁波については次の第5章で詳細に説明します。そして、現在のドイツで生まれたヘルツ（Heinrich R. Hertz, 一八五七～一八九四年）という物理学者によって電磁波の存在が実験で確かめられました。ヘルツという名前は現在では周波数の単位（Hz）としても使われているので、耳に馴染みがあるかもしれません。おうちのコンセントに来ている交流電圧は糸魚川と富士川あたりを境に、東側では五〇ヘルツで、西側では六〇ヘルツですね。

いま私たちが目にしている光も電磁波です。昔の人たちも、電磁波としての理解はさておき、光の存在は否応なしに認識していました。人間だけでなく動物や植物なども光を使って物をみたり光合成に使ったりしていますから、光の恩恵にあずかっています。しかし光がどういう仕組みをもつかは、マクスウェル方程式で書けるまではわからなかったわけです。普段から目にしている光の仕組みを理解する突破口が、一見関係なさそうな電気と磁気との関係性を研究しているところから開けるとは、いま現在で考えてもとてもおもしろいことです。ともあれ、こうして実験事実を探ることで理論が生まれ、その理論を考察することで新たな現象が提案され、その現象をさらにまた実験することで既存の理論では説明しきれない現象がみつかり…、というように実験と理論とが対等に、追いつけ追い越せでお互いに高めあっていける関係は、とても理想的で素晴らしいものです。

マクスウェル方程式からわかることは、電磁波の存在だけではありません。その方程式には特殊相対性理論が含まれていることが大きな特徴です。第2章でも述べたローレンツ変換という座標変換の考え方が、マクスウェル方程式にうまくあうのです。アインシュタインの相対性理論といわれると、なにやらとても難しい話に思えるかもしれません。難しいかどうかはともかくとして、相対性理論なんて自分には一生関わることはないなあ、と思っているかもしれません。たとえば動いているときに時計がゆっくり進むだとか、日常的な感覚とはだいぶ違った現象の話のように思えて、たしかに普通は戸惑うものです。しかし相対性理論が不思議だという言い方は語弊があります。そもそも自然界の現象をなるべく忠実に述べようとした理論として相対性理論があるわけです。理論が不思議というのは筋違いで、正しくは自然が不思議なのです。私たちがいま目にしている光も相対性理論と密接に関係しているどころか、光はまさに相対性理論に関わるものそのものだともいえます。

話が光に寄り道してしまいました。磁気の話に戻りましょう。磁石を語るうえで相対性理論とともに大切なのが量子力学です。それでは、電子を念頭において量子力学を少し説明します。

４・３　量子力学：粒子性と波動性

モンキーハンティングのようにニュートンの運動方程式（Isaac Newton, 一六四二～一七二六／二七年）で記述できる現象は、古典力学で支配されています。ここでの「古典」とは、昔からある古いものというそのままの意味ではなく、量子力学ではないという意味です。一方で電子などミクロな粒子のふるまいは、古典力学の枠組みでは説明できません。それを記述するものが量子力学です。量子力学は、名前としては力学に量子がついたものですね。量子という言葉は専門用語で、粒のようなイメージで飛び飛びだとか不連続だとかいう意味合いをもっています。ここでは量子力学に関する詳細に深入りすることはせず、その重要な側面のひとつであり、磁気と光を理解するうえで重要なポイントとなる、粒子性と波動性に絞ってお話しします。

量子力学での重要な考え方のひとつは、電子のように粒子だと思っていたものにも実は波動としての性質があったり、またはその逆に光のように波動だと思っていたものにも粒子のような性質があることです。これを粒子と波動の双対性といいます。粒子というと文字通り粒を想像していただけるとよいです。身の回りにある粒子は一個、二個と数えられますし、何事もなければ一箇所にとどまって存在することができます。一方、波動つまり波は、身近な例では音や光などのように、いったん発生すると一箇所にとどまらずにどんどん伝わって移動していくような性質をもっています。したがって粒子と波動はお互いに正反対の性格のものに思えます。

しかし量子力学によると、粒であっても波としての性質をもっていたり、また波であっても粒としての性質があったりと、粒子と波動は表裏一体のものだということが重要な考え方になっています。少し専門的かつ大雑把にいえば、電子などのように古典的には粒子のものに対して波動性をもたせることを第一量子化と呼び、光などのように波動のものに粒子性をもたせることを第二量子化という呼び方をします。

ここで一見すると、量子化という言葉は奇異に感じられます。量子というのは意味合いとしては粒のようなものですので、波を粒のように扱うことを量子化というのはいいとしても、逆に粒に波としての性質をもたせることまで量子化といわれると、なんか変だなあと感じなくもありません。しかし実は変なことではないのだというのが、初めて勉強する際に混乱する部分であり、また物理のおもしろいところでもあります。波動性があるからこそむしろ粒子のように一つ二つと数えられるようになる、ということを以下で説明しましょう。

波というのは、周波数や波長をもちます。単位時間当たりに振動する回数である周波数は、波がもつエネルギーに対応します。よって高い周波数の波は、高いエネルギーをもちます。波が空間を自由に伝わっていく場合には、どういうエネルギーでも波長でも許されるのですが、伝わる範囲に制限があったりする場合にはそうはなりません。

簡単な例として、バイオリンやギターなどの楽器にあるような、弦の振動でみてみましょう。両端が固定されている弦を考えると、図4・1（a）のようにずっと振動できるような状態（定常状態と呼ばれます）で実現しうる状態は限られています。弦を弾いたときに最初のうちは複雑な振動になりますが、やがて定常状態になったときには腹が一個（b）、二個（c）、…というように、腹の数が整数個の状態しか実現できません。腹が1.3個というような中途半端な数はとることができません。この原因は、弦が振動して伝わるという波動としての性質に、両端が固定されているという条件（境界条件）が加わっていて、右に進む波と左に進む波が干渉するためです。干渉に関しては、第7章で詳しく紹介します。この結果として、そもそも波を考えていたのに、実現できる状態は整数で指定されることになります。整数で指定できることは、まさに飛び飛びの不連続な値になっていますので、量子という言葉を使ってよさそうに思えてきます。このようにして、波動性は粒子のように一個二個と数を指定できるものとは正反対の事柄のように見えて、実はその波動性によってこそ飛び飛びの値が実現されるということが起きます。

　このように飛び飛びの不連続な値しかとらないという状況は、必ずしも量子力学だけのことではなく、古典的な波動現象においても登場するものです。ただし、たとえば電子の場合は、古典的には粒子であって波動性はありませんので、量子力学をもちだして初めて、エネルギーが飛び飛びになります。それなら量子力学といっても、弦の振動のように知ってる内容を発展させただけなのかというと、そうではないのがまたおもしろいところです。

　いま述べた弦の振動は古典力学にも対応する現象がある場合でした。しかし量子力学では、古典物理には対応物がない概念が重要になるものもあります。たとえば少し専門的な言い方を使うと、状態がもつれあっているという意味のエンタングルメント（英語ではentanglement）などです。本書ではその詳細は述べませんが、これは量子力学に固有であり、量子コンピュータで用いられる基本的な考え方として重要です。

　こうした対応関係にまつわる用語の使い方は、専門家の間でも時々行き違うことがあります。つまり「量子力

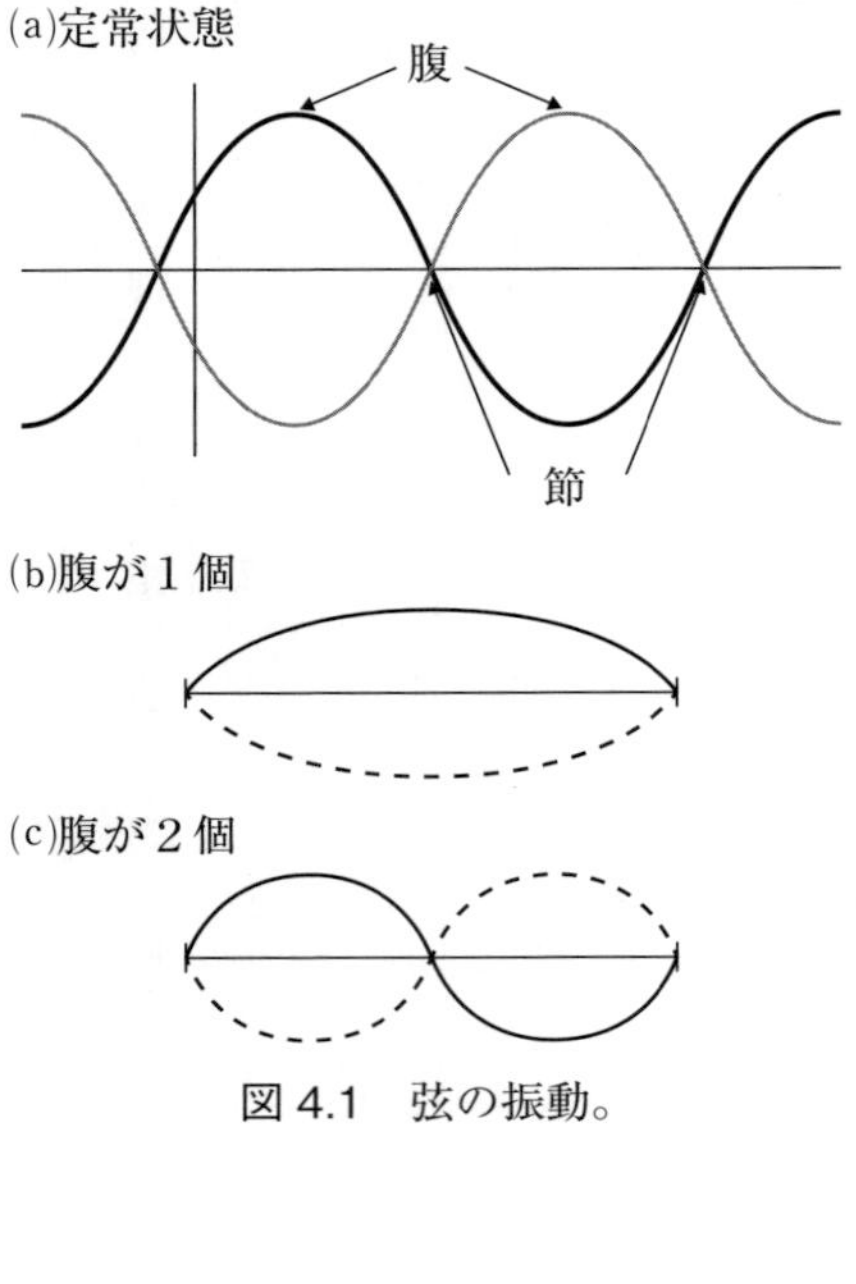

図 4.1　弦の振動。

学的な性質」というときには、文脈あるいは人によっては、量子力学を使わないと生じないけれど類似の現象は古典力学にもある性質と、そもそも古典力学には存在せずに量子力学でしかありえない性質という、大まかに二つの意味に分かれます。

4・4 量子力学とスピン

それでは磁性はどうかというと、量子力学特有の現象でありつつも、古典物理でも理解できる部分があったりという、とてもおもしろい性質をもっています。磁性がどう現れるかに関しては、古典力学では生じないという定理（物理学者のボーア（Niels H. D. Bohr, 一八八五～一九六二年）とファン・リューエン（Hendrika J. van Leeuwen, 一八八七～一九七四年）によるもの）があり、量子力学が必要だと証明されています。また量子力学だけではなく特殊相対性理論も必要です。つまり量子力学に相対性理論を取り入れた相対論的量子力学を考える必要が出てくるわけです。相対論的量子力学での基本的な方程式は、導き出した英国の物理学者であるディラック（Paul A. M. Dirac, 一九〇二～一九八四年）の名前がついていて、ディラック方程式といいます。後述する電子のスピンは、このディラック方程式から導かれるものであり、非常に重要な方程式ですが、ここではあくまで背後にそうした事情があるのだと踏まえるにとどめて、難しい詳細には立ち入らないことにします。

物質中で磁気的な性質がどう現れるかを、現象論として考えてみましょう。磁気といえば、やはり磁石が思い浮かびます。磁石の強さを表す基本的な量として磁気モーメントがあります。磁気モーメントは、N極からS極へ向かう磁力線の強さのようなものです。電磁気学によれば、電荷をもった粒子がぐるぐる回ると、その中心を貫くように磁気モーメントが発生します。これは物質の中の電子にも生じうる現象で、電子が原子核などの周りをぐるぐる回るような軌道運動をすると磁性が生じます。これを軌道磁性と呼びます。ただし結晶になっているような物質では、電子も一箇所にとどまっているわけではなく物質全体に広がっていくので、いつもぐるぐる回っているわけではありません。ともあれ軌道運動により磁性は生じえます。

軌道磁性は、図４・２(a)のようなコイルに流れる電流が発生させる磁場と同様の現象です。電子の流れである電流が、コイルのようにぐるぐる巻きの運動をすることで、その内部を貫くように磁場が発生します。なお、このモデルをもとにすれば、第３章の図３・１(d)で示したような、磁石を二つに切ると、新たにN極とS極が現れるという現象も、図４・２(b)のようにコイルを二つに分割すると考えれば理解しやすいです。さらに第６章で登場するメタマテリアルの磁性は、まさしくこのコイルの中での円電流が基本となっています。ただしメタマテリアルの磁性は、ネオジム磁石のように勝手に存在するもの(自発磁化)ではなく、電磁波が存在して初めてそれに応答するかたち(外部励振)で存在するも

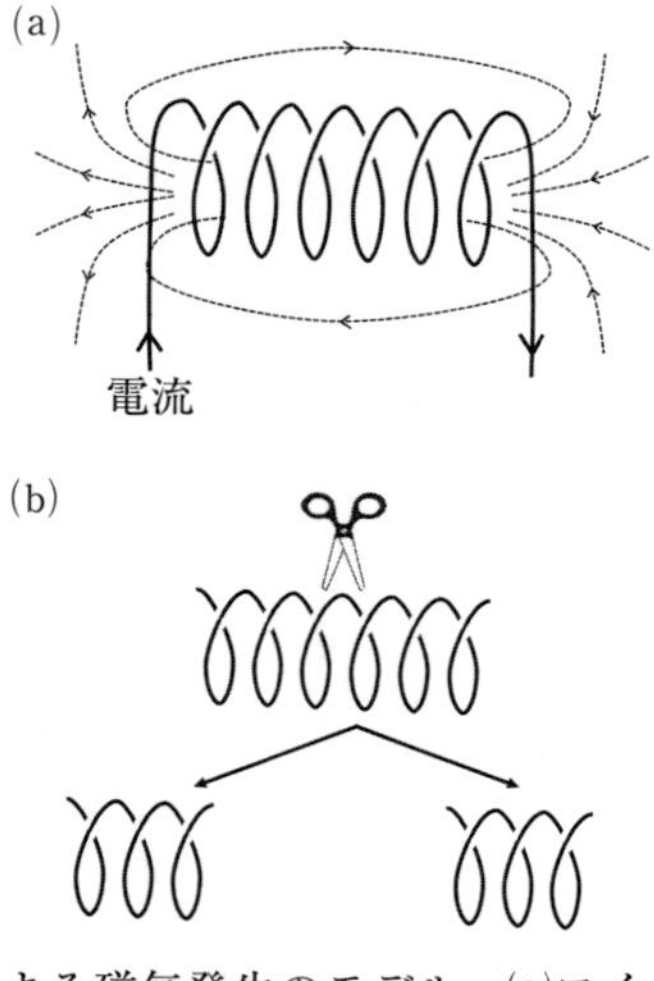

図 4.2　軌道運動による磁気発生のモデル。(a)コイルに流れる電流による磁場の発生の様子。(b)コイルを２つに分割して、２つのコイルができる様子。

のであることは注意が必要です。

もう一種類の磁性として、スピンによる磁性（スピン磁性）があります。電子は、ぐるぐる回るような軌道運動による磁気モーメントとは別に、それ自身でスピンという磁気モーメントをもっています。よって磁石の磁気モーメントは、軌道による磁気モーメントとスピンによる磁気モーメントを合わせたものと考えてよさそうです。このスピンは相対論的量子力学を考えて初めて出てくるもので、基礎物理としてみてもおもしろいだけでなく、実際の磁石の性質においても重要な役割を果たします。

その様子を見るために、唐突ですが絶対零度（マイナス二七三度）に近いくらいの低温を考えてみましょう。とても温度が低い状況下などで、電子がとりうる状態がひとつだけになってしまうと、軌道による磁気モーメントがゼロになることが知られています。これを専門的には軌道角運動量の凍結と呼びます。たとえ軌道運動による磁性がなくなってしまっても、スピンの機能が働いていれば、温度が低くても磁性が生じる場合があります。日常の感覚では温度がとても低くなっていって絶対零度付近までいくと、すべてが凍りついて動かなくなってしまうように思われますが、必ずしもそうではないというのがおもしろい点です。

そして低温の世界では量子力学の効果が顕著になってきます。量子力学では何かの物理量を固定すると、その代償で共役《きょうやく》な物理量（→コラム４・１「共役」）が不確定になったりするなど、すべてが凍りつくという状況にはなかなかなりません。磁性の古典論的な描像では磁気モーメントを矢印で表すことが多く、矢印はどこかを向かなければいけなかったり、あるいはどこを向いてもいいという状況になるのですが、スピンの場合にはそうならないことがあります。その例が、スピン一重項と呼ばれるもので、矢印では書けないといいますか、矢印でいうならばどこにも向いていない状態で、いわば丸い状態です。このようにスピンがどこに向いたとはいえない状態ができるのは、向きが固定されずに量子力学のために揺らいでいるという意味合いで、量子ゆらぎの一例とし

コラム 4・1

共役

共役とは、２つのものが結びついてセットになっており、同じような役割を果たすことを意味します。数学における複素共役が、共役という言葉に接するおそらく最初の例でしょう。科学において共役という言葉はほかにもさまざまな場面で使われています。本書に関係する範囲でいえば、互いに共役な量として位置と運動量や、時間と周波数、温度とエントロピー、圧力と体積などが挙げられ、ある種の変換で結びついていて互いに行き来できるものです。ここで共役は、古くは共軛と書いていたものを、軛の音を役という字で置き換えたものです。軛という字は「くびき」とも読み、馬車や牛亘で２頭の牛馬をつなげる棒のことです。くびきはまさに２つのものをつなげているわけですから、共軛と書いた方が意味合いをそのまま示していてわかりやすいともいえるでしょう。

て知られています。低温でもスピンが凍りつかないのは、量子ゆらぎの一つの現れです。

4・5 歳差運動

磁場がある場合に磁気モーメントがどう振る舞うかを考えてみます。たとえば磁気モーメントを矢印で書いて、磁場があったときにどのような運動をするかを考えてみましょう。磁場は、運動している向きと垂直な方向へ力を働かせる性質があります。そのため磁気モーメントは、磁場の向きを中心軸として歳差《さいさ》運動をします。これをラーモア歳差運動(Joseph Larmor, 一八五七〜一九四二年)と呼びます。

ここで歳差運動という言葉は馴染みが薄いかもしれません。図4・3(a)の独楽《コマ》の動きをイメージしていただくとわかりやすいです。独楽を回すと、文字通りクルクル回るわけですが、回し始めで勢いが強いときには、ほぼ直立した状態で回転します。しかし徐々に勢いが弱まってくると重力場の影響もあり、図4・3(a)のように、独楽は少し倒れながらも回り続けます。このように軸が円を描くように回る運動を、歳差運動と呼びます。独楽の場合はそれ自身が重力場の向きの周りをクルクル回り、さらにコマの軸そのものがぐるぐる回るのでややこしいかも

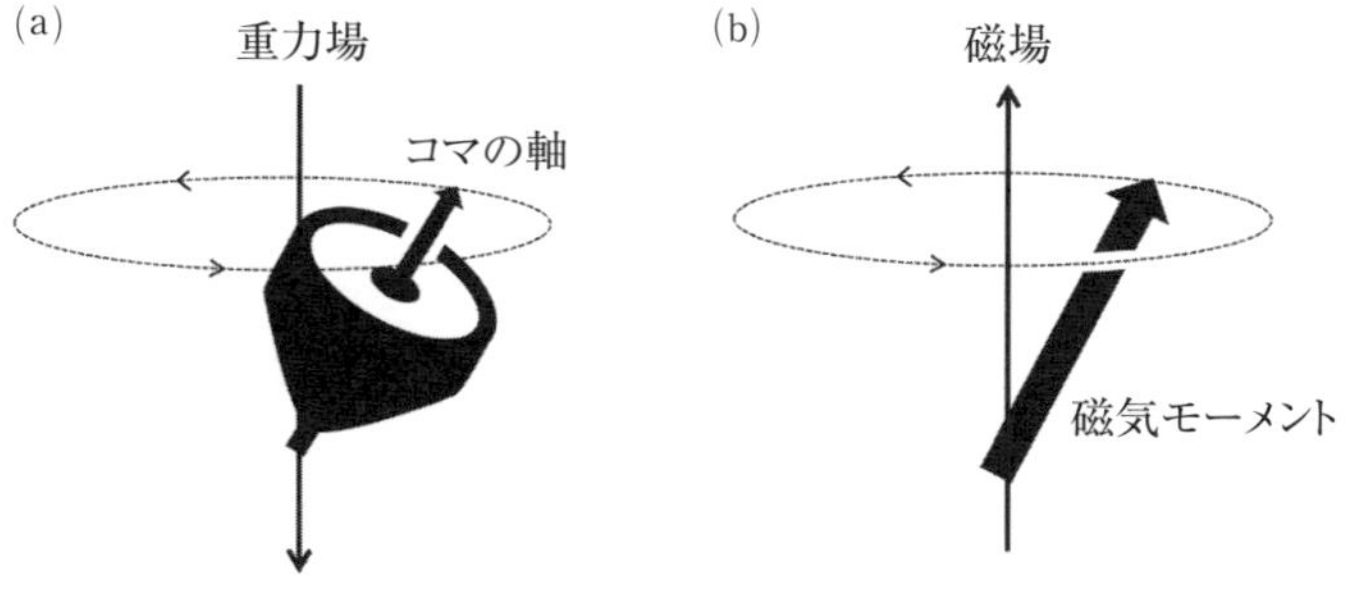

図 4.3 歳差運動の模式図。(a)重力場における独楽の歳差運動。(b)磁場下での磁気モーメントの歳差運動。

しれません。軸そのものが回る運動に対応するのが歳差運動です。図4・3（b）の磁気モーメントの歳差運動は、垂直方向へ力を働かせるという磁場ならではの性質を反映したものです。この運動は、後の第11章で磁気光学効果という現象を考える際にも大事になってきます。

なおこの現象を、さらにアインシュタインの相対性理論まで含めて考慮すると、おもしろいことが起こります。2・6節の座標変換で述べたように、相対性理論が関わってくるような高速で運動するものから見ると、電場は磁場のように見えます。すると、電場によっても磁気モーメントが歳差運動をするようになります。これをトーマス歳差運動（Llewellyn H. Thomas, 一九〇三～一九九二年）と呼びます。

4・6　スピンと軌道の相互作用

ここまでは、電子の軌道運動と電子がもつスピンを、別々に見てきました。しかしどちらもぐるぐる回るような運動量に由来するという意味で角運動量という量に関係していて、共通の概念です。さらに軌道とスピンは、お互いに、無関係ではありません。軌道とスピンとの関係は、第2章で行ったような座標変換を使って考えてみるとわかりやすいです。

軌道運動は、原子核の周りを電子がぐるぐる回っているイメージです。そしてその電子はスピンをもっています。ここで視点を変えて、自分が電子になって考えてみましょう。電子からみれば、原子核が自分の周りを回っているように見えるはずです。これはちょうど、地球が太陽の周りを回っている（地動説）けれど、地球にいる我々からみれば太陽が地球の周りを回っているように見える（天動説）のと同様です。電子や原子核など荷電粒子が軌道運動すると、磁場が発生します。よって電子にとっての「天動説」のもとでは、電子のもっているスピンの周りを原子核がぐるぐる回ることによる磁場が、電子のスピンに影響することが想像できます。つまりもともとは電子が軌道運動していたことが、自分自身のスピン状態にも影響することになります。これをスピンと軌道の相互作用といいます。電子はスピンをもちながら軌道運動するため、軌道運動がスピン状態に影響するし、またその逆にスピン状態も軌道運動に影響するわけです。

スピン軌道相互作用を大きくするには、電子の質量が小さいほどよいことも、とても大切なので覚えておくとよいです。電子の質量は決まっているのだろうに大きいとか小さいとかいうのはどういうことか、と変に思われるかもしれません。しかし実は電子の取り巻く状況に応じて、実効的に質量が大きくも小さくもなりえます。これを有効質量といいます。直感的には、ここでいう質量は慣性質量のことです。電子が動きにくいような状況をつくることができれば有効質量としては大きくなるし、逆に動きやすければ小さくなるわけです。この有効質量を考えるには、周波数と波数《はすう》（波長の逆数）の関係を表す分散《ぶんさん》関係が重要になります。分散関係については後ほど第7章で詳しく述べますが、ここでは結果だけ紹介しますと、分散関係の曲線の曲がり具合（曲率）が大きいほど有効質量は小さくなります。一方、曲率が小さい、つまり平べったいほど有効質量は大きくなります。

光の場合でいうと光の質量はゼロです。しかし、光の分散関係の曲線の曲がり具合を変えられれば光の有効質量を変化させることができます。たとえば人工構造の中に光を通すことで、波数に依存して周波数が曲線的に変化させることができれば、光も非ゼロの有効質量をもつことができます。

少し脱線しましたが、電子のスピン軌道相互作用の話に戻ると、物質の構造によってうまい電子の分散関係があれば、電子の有効質量を小さくすることができて、スピン軌道相互作用の大きさも実効的に大きくできます。スピン軌道相互作用は、相対論的量子力学のディラック方程式から理論的に導出することができます。実際に計算してみると、先述のような電磁気学からの単純な考察と比較して、大きさが二倍だけズレているという事情はありますが、ともあれ現象の大まかな理解としては電磁気学でできます。厳密には相対論的量子力学が必要になるような話なのに、係数にズレがあるとはいえ電磁気学からでも見積もることができるのは不思議ですが、そこもやはり電磁気学は特殊相対性理論を含んでいることで納得できるかと思います。

物質の磁性を調べるには、磁性を担っているスピンの情報を知ることが大切です。しかし、光を使ってスピンの情報を調べようとしても、可視光だと透磁率がほぼ1であり直接は検出しにくいという事情があります。そこで、このスピン軌道相互作用が重要な役割を果たします。光が電子を揺さぶります。電子が動くと、スピン軌道相互作用のために、スピンも影響を受けます。したがって、光を当てることで、電子のスピンの状態を知ることができるわけです。

物理学の枠組みとして、ニュートンの力学や電磁気学は通常は古典論と呼ばれ、相対性理論と量子力学とが別枠かのように思われることが多いのですが、相対性理論は電磁気学の中にも入っていて、必ずしもすべてを分けることができないわけです。このように理論の枠組みをはっきりとは分けにくくなるのは、物理学はあくまで自然界を相手にしていて、理論の区切り方は人間の都合だからなのでしょう。人間の思考過程と、自然の仕組みがどうなっているかは、必ずしもうまく切り分けることができないわけで、そこがまた科学の楽しいところでもあります。スピンを起源から記述するには、確かに相対論的量子力学が必要ではあります。しかし、スピンの存在を認めてしまったうえでその運動や影響を現象論として扱う際には、ある程度は古典的な電磁気学で議論できることもあるのです。

第5章 光と磁気

光は電磁波であって、電場と磁場が誘導しあって伝わっていく波です。よって光に対して物質がどう応答するかは、光の電場と磁場のそれぞれに物質がどう応答するかが鍵となります。本章ではまず、光について当たり前と思っていることを丁寧に見直していきます。そして物質が光にどのように応答するかは、誘電率と透磁率という量で表せることを紹介します。次に、見方を変えて光が物質をどう感じているかを考えることで、屈折率やインピーダンスに迫ります。

5・1 電磁波としての光

本章からは磁気と光との関わりに着目して話を進めることにします。ひとくちに光といっても文脈によってさまざまな意味として使われます。日常で光といえば、朝にカーテンを開けて太陽の光を入れて明るくするとか、照明のイメージをもたれるでしょうか。あるいは比喩的または文学的な意味の場合もありえるでしょう。「アイデアが浮かばず暗中模索している状態に、一筋の光が差し込んだ」という文があります。しかし、そもそも暗中模索といっても実際に暗い部屋で探しものをしていたわけではなく、また光が差し込んだといっても本当に太陽光などが入ってきたという意味ではありません。

科学の分野において光とはどういう意味かというと、どの文脈で語られるかによって少なくとも二つ考えられます。一つ目は広い意味での電磁波です。図5・1に示すように、電磁波とは電場と磁場がお互いに誘導しあって伝わっていく波です。これについては後でもっと詳しく説明します。

二つ目は人間の目で見える電磁波の意味です。ひと口に電磁波といってもさまざまな波長があり、目に見える範囲は限られています。人間の目に見える波長の光は可視光と呼ばれます。実際にどのくらいの波長まで目で見えるかは個人差がありますが、可視光の波長は四〇〇～七〇〇ナノメートル程度です。それより波長が長すぎても見えないし、短すぎても見えません。たとえば電子レンジでご飯を温めているときに使われる電磁波は、マイクロ波と呼ばれるもので、可視光よりもはるかに波長が長いため眼には見えません。ちなみに電子レンジは、英語ではマイクロウェーブオーブン（microwave oven）と呼ばれます。ここでのマイクロという言葉は、電波に比べて波長が短いという意味であって、波長がマイクロメートルなわけではありません。実際にはもっと長い一二センチメートル程度です。

一方で病院でのレントゲン撮影などでもお馴染みのX線は、波長が数ナノメートル程度の電磁波です。X線は可視光よりも今度は波長がとても短いために、やはり目には見えません。ちなみにX線は、ドイツの物理学者レントゲン（Wilhelm C. Röntgen, 一八四五～一九二三年）が最初に発見

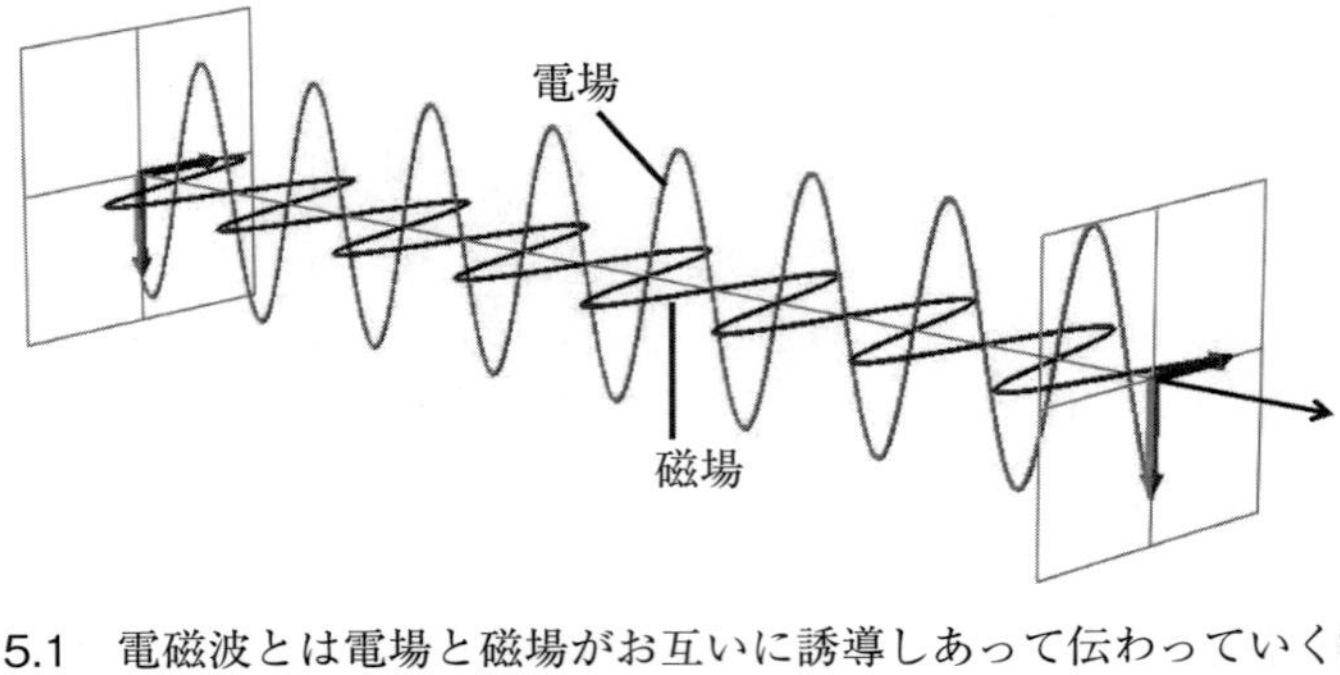

図 5.1　電磁波とは電場と磁場がお互いに誘導しあって伝わっていく波。

したときにその正体がわからなかったため、「未知の」という意味で慣用的に使われていた文字Xがつきました。数学の方程式で未知数を x と置くのと同じです。本書での光という言葉はこれまでも、そしてこれからも、一つ目の意味で使うことにしています。つまり広い意味での電磁波全般を指します。ですので光といえば可視光だけでなく、マイクロ波やX線なども含みます。

5・2 「見える」とはどういうことか

いまなにげなく「目に見える」という表現をしましたが、日常で使われる意味とは少し違った意味合いに気付かれたでしょうか。普段の生活において、たとえば「光が目に見えない」といわれると、どういう状況でしょう。暗いところにいて微かな明かりがありそうだけど現実的にはほとんど見えない、というような場面を想像されるかもしれません。この場合は光が弱すぎて目に見えないという意味です。赤い光か青い光か緑の光かはわからないけど、とにかくほとんど目では感知できないほど弱い光ということです。しかし科学の分野ではちょっと意味が異なります。

科学の世界で目に見えない光というと、光が弱いとかいう問題ではなく、身体の器官である眼が備えている機能では感知できない波長の電磁波、という意味です。電子レンジで使われているようなマイクロ波にしても、レントゲン撮影のX線にしても、いずれにしても人間の目には見えません。科学で「目に見える光」というと、眼が感知できる波長の電磁波という意味です。虹の色でいうと波長の長い順に赤橙黄緑青藍紫ですから（虹に何色あるかという数え方は国によっても諸説あるにせよ）、赤から紫までの色の波長ということになります。赤い光よりも長い波長をもつ電磁波は、目に見える範囲のギリギリの赤よりも外側ということで赤外線と呼ばれ、目には見えません。これはテレビなどのリモコンに使われています。また紫よりも短い波長の電磁波は、紫よりも外側ですから紫外線と呼ばれていて、やはり目には見えません。ただし、紫外線は目には見えなくても日焼けの原因となりお肌に大敵なので、みなさんご用心ください。

ここでまたひとつ用語の使い方について説明を加えておきます。科学者は「見える」という言葉を、日常用語とはやや違った意味で用います。日常で見えるというと、まさに実体として目に見えている状態を指すことが多いかと思います。科学では、必ずしもそうした実体が見えている状態には限らず、欲しい情報が判別できるとか、わかるとか、理解が深まってくるとかいうような意味合いで使います。

たとえば「原子の世界が見えてくる」と聞くと、文字通り原子を観察するという意味にもとれますが、それ以外にも原子がどういう性質をもっているかがわかってくるという意味もあります。「江戸時代の人たちの生活の様子が見えてきた」という文を見たらどう感じられるでしょうか。確かに現代で映像化して目で見るような意味もありますが、現実として昔の景色そのものを見るのはタイムマシンでもない限り無理です。そうではなく史料や遺跡などから当時の生活の様子がわかってきて、そこから雰囲気や趣が感じられる、という意味合いで捉えられることです。文字で書くならば「観える」と書く方が本当は正しいのかもしれませんが、本書では「見える」と書くことで統一します。

5・3　光と色

これまで述べたように、我々は物を見るときに光を用います。日常で物の色を話題にするときには、バナナは黄色い、リンゴは赤い、白い服、黒いバッグなどというように物自体に色があるような言い方をします。しかし、そうした物体そのものが光を発していない限りは見えないわけで、その証拠に真っ暗な部屋ではバナナもリンゴも服もバックもその色は見えません。「黄色いバナナが見える」といっても、眼で感じて見ているものはあくまで光です。人間の脳が黄色と感じる波長の光というのがより正確でしょう。

言葉としては「バナナが目に入ってくる」といったりしますが、バナナそのものが眼の中に入ってきているわけではありません。それはとても痛いです。むしろバナナの形や色が光として眼に入ってきてるのです。このように物の色というのは、当てた光に対してどのような波長の光を吸収したり反射したりするかを表しているわけです。光学の世界で「色」という言葉は、光の波長あるいは周波数という意味合いで使われます。たとえば光の波長（周波数）によって光の収束の具合に違いがないレンズは「色収差《いろしゅうさ》が小さい」といわれたりします。このように物の色は光学的な性質を反映しているため、意外と難しい話です。

色と光の関連性で、日常でも「光の三原色」という言葉を聞くことがあります。赤・緑・青の光の組み合わせであらゆる色彩を表そうというものです。英語の red, green, blue の頭文字をとって、ＲＧＢという呼び方でも知られています。虫眼鏡で見た液晶テレビの画面は、無数のＲＧＢの点で構成されています。実はこの光の三原色は人間ならではのものです。人の眼は赤と緑と青の三つの光に対して感度を強くもっているため、あらゆる色はＲＧＢの割合に置き換えて認識できます。テレビなどではそれを逆手にとって、ＲＧＢの三色だけを使ってさまざまな色を表現しているわけです。

5・4 色は絶対的ではない

赤い光と緑の光があったとして、それらを重ね合わせると黄色く見えます。しかし実際にはあくまで黄色のように見えているというだけのことであって、黄色い光になるわけではありません。もちろん黄色に対応する波長をもつ光は存在します。しかし、それと赤と緑を重ね合わせた光は同じものではありません。

さらに赤と緑と青の三つの光を合わせると、白く見えます。これも人間にとって白く見えているというだけであって、実在として白い光になっているということでは必ずしもありません。ちなみにここから転じて科学では、あらゆる波長を含んでいる場合に白色（ホワイト）という言葉を使います。レーザーなどの単色光源に対して、ランプなど幅広い波長の光を発する光源は白色光源と呼びます。またホワイトノイズという言葉を聞いたことがあるかもしれません。これは、考えている範囲内ですべての周波数にわたる雑音というような意味です。一方で黒は、真っ暗闇のようにどの波長の光もないような場合に対応します。

こう考えると、我々が見ている色は、脳が判断して、そのような言葉を人間が勝手に当てはめているだけであって、決して絶対的なものではないことがわかってきます。このことを初めて認識したとき、世界の見方が少しだけ揺らぎます。我々が見ている世界は実は絶対的なものではないのだ、と感じることが、もしかしたら世界を科学的に理解しようとする第一歩なのかもしれません。

こうして色と光の波長とを対応させると、光の三原色の意味合いもわかってきます。しかしそれで物体の色のことがわかったかというと、実はそうでもありません。たとえば今度は同じようなことを絵の具で考えてみるとどうでしょうか。赤い絵の具と青い絵の具とを混ぜあわせると、なんとなく紫っぽくなります。さらに緑の絵の具を加えるとどうなるでしょう。絵の具は、さまざまな色を混ぜれば混ぜるほど、どんどん黒くなっていきます。

この状況は光の場合とは逆ですよね。光だとさまざまな色の光をあわせると白くなるのに、絵の具ではさまざまな色の絵の具を混ぜると黒くなってしまうわけです。絵の具に関して、たとえば赤い絵の具はどういう役割を果たしているかを理解するには、食べ物の好き嫌いと置き換えて考えるとわかりやすいです。赤い絵の具というのは、人間の目から見ると赤いという印象だけが残りますが、絵の具としてはむしろ逆です。赤い絵の具は、ほとんどだいたいの色は好物なので食べて吸収するのですが、赤い光だけはどうも苦手で吸収できずに口元ではね返してしまいます。ですから赤い絵の具は赤い光を反射しているわけです。いまは説明の都合上、最初から「赤い絵の具」という言い方になっていますが、実際には、人間の脳が赤と認識する波長の光だけを反射するような絵の具を、特にそう呼んでいるわけです。

それでは、さまざまな色の絵の具を混ぜていくと、どうなるでしょうか。何種類もの色の絵の具を混ぜていくと、いろいろな波長の光が絵の具に食べられて吸収されてしまうことになって、結果として光は反射されなくなり黒く見えることになるわけです。このように色の話をするにしても、光の三原色といった場合は光そのものに注目しているのですが、絵の具の場合にはその絵の具の物質としての性質の話になっているので、両者は話の土俵がそもそも違うということになります。

5・5 物質の電気的応答 ―誘電率―

光は電場と磁場の両方が振動しながら伝わっていく波です。物質に光があたると、その光を物質はどう感じているでしょうか。ひとことで物質といっても、もっと細かく見ていくと、たくさんの原子でできていて、その原子は原子核や電子でできていて、さらに原子核は…などというようにさまざまな構成要素でできています。したがって、そこへ光が当たったらどうなるかを厳密に考えようとすると大変です。しかし、普段の身の回りで接するような物質や光を考えるうえでは、必ずしも厳密に議論しようと思わなくても、現象論でかなりのことを理解することができます。

光は振動する電場をもっているわけですから、その電場の影響を受けるためには電荷をもっていることが基本です。よって原子を構成する中では、プラスの電荷をもつ原子核とマイナスの電荷をもつ電子が、振動する電場に応答します。このとき、原子核と比べて電子の質量は圧倒的に小さいので、電子の方が影響を受けやすいことが推察できます。実際に物質中の電子が光によってどう影響を受けるかを考えることで、物質の光学的性質の多くを理解することができます。そこで簡単に、電子一個が光をどう感じるのかを考えてみましょう。電子が一個だけで何がわかるのか？　と疑問に思われるかもしれません。しかし物質のおおよその性質は電子一個の場合での考察を、そのままたくさんの電子に当てはめることで理解できるのです。なお電子がどう光を感じるかは、光の強さなどによっても状況が変わってくるため、いまは光がさほど強くない、ほどほどの場合を想定して述べることにします。

まずは電気的な応答とはどういうものかを考えてみます。電子は電荷をもっています。電子に光が当たるとどうなるでしょうか。光は交流で振動する電場をもっていますので、その電場によって電子が動きます。このとき電子の動く振幅の大きさを分極率《ぶんきょくりつ》と呼びます。電子の電荷はマイナスですので動かされる向きは光の電場とは反対向きだという事情はありますが、ともあれ、光の電場によって電子が揺さぶられるわけです。電子が揺れると、それがまた光を放出します。この光は、電荷をもったものが加速度運動をすると光を放出する、という現象によるものです。ここで光が放出されるまでには、光が最初に電子に当たったときよりも当然ながら時間差が生じます。その時間差と電子の振動の大きさが、電子の動く具合である分極率として表されます。

ここまでは電子が一個の場合を考えました。次に電子がたくさんあるような、より現実の物質に近い状況で応答を考えてみます。この場合も、どういう波長の光かによって話は変わります。物質中の原子の並んでいる間隔は数オングストローム（Å）程度（1オングストローム＝0.1ナノメートル）ですので、いまはその長さスケールよりもはるかに大きい、可視光の波長（数百ナノメートル程度）をもつ光を念頭に置くことにします。そうすると電子一つひとつがそれぞれ光によって揺さぶられたりする状況は、もっと広い目でみてみると電荷の偏りとして考えることができます。こういう電荷の偏り（の単位体積あたりの量）を分極と呼び、電場のような役割を果たします。光による電場と、それによって電子が動いたことによる偏りである分極（による電場）とを合わせたものが全体の電気的な様子を表すことになります。この全体の電気的な様子を表すものが、誘電率です。誘電率は、電気（electricity）に関わることから、頭文字eのギリシャ文字でε《イプシロン》で表されます。真空での誘電率を基準として1とすると、誘電率が1よりも大きければ大きいほど、電場により電子が偏りやすいことを表します。

5・6 物質の磁気的応答 —透磁率—

それでは次に磁気的な応答を考えてみましょう。光がもつ振動する交流磁場に対して電子はどう応答するでしょうか。磁場に応答するのは、電子がもつ磁気モーメントです。第4章で見たように、電子の磁気モーメントはスピンによるものと、軌道運動によるものの両方が考えられます。いまは特に両者の区別が影響しない範囲で説明することにします。磁場が磁気モーメントへどう影響するのかというと、さきほどの電子が電場で揺さぶられるのと似たように、振動する磁場によって磁気モーメントが揺さぶられることになります。そしてその揺さぶられ具合は透磁率と呼ばれます。一般的にはギリシャ文字μ《ミュー》で表わします。これも、磁気（magnetism）に関わることから、頭文字mに対応する文字が使われています。真空の透磁率を基準として1としましょう。透磁率が1よりも大きいほど、磁場によって磁気モーメントが大きく応答することを表します。

ところがその揺さぶられる具合は電気的応答と比べるととても小さいため、可視光などの周波数の振動磁場には電子はほとんど応答しません。実際、可視光に対しては、物質の透磁率は1と考えて差し支えありません。なぜとても小さいのかは、ひとつには電子の質量が重いことに関係します。もし電子がもっと軽ければ、可視光などの高い周波数でも磁気応答が大きくなると期待されます。ただその際、電気的応答も同様に大きくはなります。根本的に、電気的応答に比べて磁気的応答が小さいことは、微細構造定数と呼ばれる物理定数で決まってしまうので、天然の物質ではいかんともしがたいところであります。ただし磁気応答の大きさは光の周波数に依存するので、目に見える可視光領域などでは小さいものの、もっと波長が長いマイクロ波などでは磁気的応答も顕著になります。次の第６章で詳しく見ますが、メタマテリアルを用いると、もしかしたら可視光に対しても透磁率が1からずれる状況が作り出せるかもしれません。

物質の応答を表すには、このように全体的な様子で見るのが便利です。こうした見方は巨視的な視点と呼ばれます。巨視的に見ることで、物質がどう応答しているのか電子一つひとつの応答をアボガドロ数（10^{23}）個まで合わせなくても、全体としてどうなってるかが把握できるわけです。実際に物質の巨視的な応答を、後で述べるような屈折率や波動インピーダンスとして表すことで、物質を特徴づけるよい指標となり、レンズなど光学素子を設計したりする際にも見通しがよくなります。なお誘電率も透磁率も、実部と虚部をもつ複素数です（↓コラム５・１「複素数」）。そして周波数が変わると値も変わります。これを周波数分散といいます。

このように、物質に光が当たったらどうなるかを考えていると、電気的に応答するのか磁気的に応答するのかは、素朴には違う現象です。しかし電磁気学では電気と磁気はお互いに関係があるとされています。その関係はどこへ行ったのでしょうか。そもそも光は、電気と磁気がお互いに生み出しあいながら伝わっていくもので、そこでは電気と磁気は切っても切り離せないものであるはずです。

コラム 5・1

複素数

光など波を数学的に記述するのに、複素数が便利でよく使われます。複素数は英語では complex number と呼び、複合的な数という意味です。複素数は実部と虚部からなります。2つの実数を実部と虚部として、あたかもひとつの数のようにして扱えます。初めに出会うのはおそらく、2次方程式の解を求めるときでしょう。虚数という言葉や、二乗してマイナスになるということから、この世にはない数（！？）のような印象があるかもしれません。しかし複素数を複素平面上の点として捉えることで、複合的な数であるという基本から理解し直すことができます。複素数は複素平面上で、長さと角度で表されます。

波動や振動の現象を扱うときには、状態を振幅（振動の大きさ）や位相で追いかけることが多いです。そして複素数を使うと、振幅を複素数の大きさ、位相を偏角として書くことができます。状態を特徴づけるには複素数を用いるのが便利なのです。さまざまな現象を勉強していく中で、身の回りのことなのに複素数で表現している場面に出くわします。たとえばバネが振動している様子を複素数で表すと、目の前にあるバネなのになんで虚数が出てくるのだ、と不思議に思うこともあるかもしれません。ひとつの考え方は、複素数として扱うのはあくまで計算でのテクニックに過ぎず、後で実部だけを見るというものです。しかしそれよりは基本に戻り、複素数とは2つの実数をまとめて扱っていて、2つの成分を同時に計算でき、実部にも虚部にもそれぞれに物理的に意味があると考え直すとよいです。

５・７　屈折率とインピーダンス

物質が光に応答する仕方は、誘電率で表される電気的な応答と、透磁率で表される磁気的な応答の二種類あることをみてきました。ただしこれはあくまで物質を主役として考えた場合です。主役である物質が、脇役として振る舞う光の影響をどう感じるかの目安が二種類あるということです。それでは今度は見方を変えて、つまり主役と脇役を逆転させて、光を主役に物質を脇役に据えて考えてみましょう。そうすると、実は光としては物質の電気的応答と磁気的応答を別々に感じているわけではなく、それらの合わせたような量を感じているということがわかります。ここがおもしろいところですが、一方で混乱を招くところでもあります。

物質が光を感じるときは、通常は電場と磁場を別々に感じると述べました。しかし、その立場を逆転させて光が物質をどう感じるを考えると、まるで別々ではないように見えるのです。そうなる理由は、光は自分で電場と磁場をお互いに行き来させながら波として伝わっていくためです。電子にとっては、電場と磁場を別々に感じるだけの話なので、電場と磁場とがどうお互いに関係しているかは知ったことではないのです。しかしながら光にとっては、電磁波と名のるだけあって、まさに電場と磁場との関係性が大事だということです。光の電場と磁場との関係性では、電気的応答である誘電率の平方根と、磁気的応答である透磁率の平方根との掛け算で表されるものが、屈折率と呼ばれます。一方、平方根どうしの割り算で表されるものが、インピーダンスと呼ばれます。このインピーダンスは、屈折率と同じく、光が物質での電場と磁場をどう感じるかを表す値です。それぞれについて少し詳しく見ていきましょう。

光の向きが変わる現象を屈折と呼びます。屈折率とは文字通り光が屈折する率、つまり物質が変わるときに光の向きが変化する割合を表すものです。真空では、誘電率と透磁率をともに基準として1とすれば、真空の屈折率は1です。物質どうしの屈折率の違いが大きいと、光の向きが変わる角度も大きくなります。これはスネルの法則と呼ばれます（Willebrord Snellius, 一五八〇〜一六二六年）。身近な例としてお風呂に入っているときに、湯船の中に浸かっている手や足を見ると、実際よりも短く見えた経験があるでしょう。それは光がお湯の中の手や足で反射されて、目に入ってくるまでに水面で曲がることが原因です。水の中を通る光は、水から空気へ出るときに曲がります。目に見えている光は、湯船の中の足から一直線に眼に飛び込んできたわけではなく、足からやや真上側に行ってそこから曲がって空気中に出てきた光です。これは空気と水の屈折率が違うことによって生じる現象です。

屈折率は、光の進む速度（正確には第7章で後述の位相速度）とも関係しています。光の速度は屈折率に反比例します。屈折率が大きい物質ほど、その中を進む光の速度は遅くなり、屈折率の小さい物質内では光の速度は、速くなります。屈折率という言葉は、文字通りに屈折する割合を表しているわけですが、屈折してもしなくても重要な量なのです。後に第10章でも述べますが、光の速度が変わるという条件から、逆に屈折現象を理解することもできます。

一方でインピーダンスとは、光などの波がどれだけ反射されるかを表す量です。インピーダンスといわれても、馴染みのない言葉かと思いますが、そこは我慢してください（**↓コラム5・2「インピーダンスに対応する日本語がない」**）。インピーダンスという言葉は、英語で「妨げる」という意味をもつインピード（impede）を名詞化したものです。大学で学ぶ電気回路で出てくるインピーダンスと同じものです。

さきほど、お風呂に入っているときの屈折について説明しましたが、その説明では光の向きの変わり具合を述べているだけで、どれだけの光が屈折して、どれだけが反射するかという割合については述べていません。この割合を決めるのがインピーダンスです。光は電場と磁場との両方が振動しながら伝わるので、異なる媒質に差し掛かったときにそれらの振動の具合がうまく合うか合わないかによって、透過しやすいか反射しやすいかが変わります。なお屈折率もインピーダンスも複素数で、周波数ごとに値が変化します。

コラム 5・2

インピーダンスに対応する日本語がない

インピーダンスは電磁気学や電気回路で登場する普遍的な概念であるにも拘らず、それに対応する日本語がありません。もしかしたら昔はあったのかもしれませんが、いまは寡聞《かぶん》にして知りません。これは屈折率に対する丁重な扱いに比べると、いささか不公平に感じます。あえていま日本語を作るとすると「妨害率」となるでしょうか。やはり歴史の洗礼を受けていないのでいまいちです。ではそもそも、なぜインピーダンスに対応する日本語がないのでしょうか。これには歴史的経緯と物理的背景が関係していると考えられます。

誘電率、透磁率、屈折率など日本語の科学用語は、ほぼすべて外国語からの翻訳です。江戸時代の蘭学以降、日本は西洋の自然科学を貪欲に吸収し、その過程で西洋の科学用語を翻訳して使ってきました。そのなかで使用頻度の高い、つまり重要度が高いと考えられた科学用語には日本語訳が与えられました。permittivity は誘電率、permeability は透磁率、refractive index は屈折率と呼ばれるようになりました。裏を返せば、重要度が低いと考えられた概念には、日本語を与える必要がなかったのでしょう。よってインピーダンスという英語をそのまま使っていることは、それが重要視されてこなかった証拠と考えられます。

少なくとも主に可視光を扱う光学の分野では、天然の物質を使っている限り、人類がこれまで操作できるのは誘電率のみであり、透磁率には触れることができませんでした。次の第6章に出てくる図6・2では、透磁率が1の点線上を右往左往するのみです。これはインピーダンスが同じ2つの物質は、屈折率も同じであることを意味します。よって通常はどちらか片方だけ、いまの場合は屈折率だけを考えればよく、インピーダンスを重要視する必要はありません。しかしながら第6章から見ていくように、メタマテリアルを使えばこのような状況はガラリと変わります。メタマテリアルでは誘電率だけでなく、透磁率も操れます。すると屈折率が異なる物質どうしであってもインピーダンスを同じにすることができて、物質どうしの境界での反射をなくすることができます。これは第9章で登場する完全吸収体やクロークを可能にします。

第6章 メタマテリアルとはなんだろう

電気や磁気と光に関してここまで述べてきたことを応用して、メタマテリアルとはなんだろうか、という問いに答えます。メタマテリアルを用いれば、天然の物質では困難な現象が実現可能です。たとえば、屈折率が負になったかのごとく、光がありえない方向に曲がります。ここではまず負の屈折率をもつメタマテリアルの実現を巡る歴史を振り返ります。このなかで負の屈折率を得るために、誘電率と透磁率を同時に負にするにはどうすればよいか見ていきます。そこではスイスロールとジャングルジムが登場します。さらにメタマテリアル研究の意義について考えます。

6・1 蚤に蹄鉄を打つ ―アイディアは四〇年前に誕生していた―

ロシアの作家レスコフ（Nikolai S. Leskov, 一八三一～一八九五年）の小説『左利き』には、「英国人が鉄で作った機械仕掛けの蚤《のみ》に、ロシア人の左利きの鉄砲鍛冶（英語では gunsmith）が蹄鉄《ていてつ》を打った。蹄鉄には鉄砲鍛冶たちの名前を彫ったので、五〇〇万倍の顕微鏡があれば見えるでしょう」というくだりがあります。蹄鉄とは、普通は馬のひづめに打つU字型の金具のことです。それを通常は体長数ミリメートルの蚤に打つのは、考えるだけで大変そうです。よって、「蚤に蹄鉄を打つ」という言い回しは「緻密な仕事をする」という意味で用いることができます。しかし同時に「意外な発想や並外れた能力を発揮する」というニュアンスも表すそうです。メタマテリアルの研究もまさに後者の「蚤に蹄鉄を打つ」ような仕事に端を発しています。レスコフの小説はメタマテリアルとなんら関係はありません。しかしこれから見ていくようにメタマテリアルの歴史では小説とは異なり「ロシア人が蚤に蹄鉄を打つことを考え、その蹄鉄は英国人が設計した」のです。そして実際に蹄鉄を打ったのは米国人の鍛冶屋です。

黎明期のメタマテリアル研究の歴史は、そのまま左利きメタマテリアルの歴史といっても過言ではありません。いまから五〇年以上も前、一九六四年に当時のソ連（現在のロシア）の物理学者のヴェセラゴ（Victor G. Veselago, 一九二九～二〇一八年）が、ある理論の論文をロシア語で発表します。それは「誘電率と透磁率が同時に負になった物質では何が起こるだろうか」というものでした。そしてそのような物質を彼は「左利き」と呼びました。なぜ左利きと呼ぶか、については後ほど詳しく説明しますので、まずは誘電率と透磁率が同時に負となった場合を左利きと呼ぶ、と覚えておいてください。当時はアメリカとソ連による東西冷戦の真っ只中です。にも関わらず、もともとはソ連で出版されたこのロシア語の論文は、一九六八年に英訳され公開（V.G. Veselago, *Soviet Physics Uspekhi*, **10**, 509（1968））されています。

この論文の中でヴェセラゴは興味深い予言をしました。それは「誘電率と透磁率の両方が同時に負となった物質の屈折率は負になるはずだ。屈折率が負になると、光など電磁波の屈折が、通常とは反対側の負の方向になる。その結果、レンズの形をしていなくても光を集光することができる。また負の屈折率をもつ物質中では、ドップラー効果やチェレンコフ放射が逆転するだろう」というものでした。

普通、眼鏡やコンタクトレンズや虫眼鏡に使うレンズは、光を一点に集めるために凸の形をしています。ところが負の屈折率をもつ物質が、仮に実現できたとすれば、凸の形を作らなくても、ただの平らな板で光を一点に集めることができるというのです。図6・1にその平板レンズでの光の軌跡を示します。実際この論文にはメタマテリアルのメの字も出てきませんが、その後の左利きメタマテリアルの研究を先取りした奇想天外な、まさに「蚤に蹄鉄を打つ」仕事です。

しかし残念なことに、天然には誘電率と透磁率の両方が同時に負となり、なおかつマイナス1付近の値となる物質は存在しません。これは透磁率の周波数に応じた変化が、狭い周波数領域でしか起きないことが原因です。つまり天然の物質では、ある限られた周波数の極めて狭い領域でしか、透磁率が1でない値にならないのです。もう少し詳しく説明しましょう。マイクロ波から可視光までの広い範囲を考えると、誘電率は1とは大きく異なる負の値などの値を取れます。値が負ならばよいかというと、負の値が大きくなり過ぎると、インピーダンス整合が取れず、光は反射してしまい別の問題が発生します。一方で透磁率は、マイクロ波などの低い周波数を除いて、ほとんどの周波数において第5章で見たように、だいたい1であるといってよいのです。そして誘電率と透磁率がマイナス1となる周波数が重なることは、残念ながら期待できないということです。

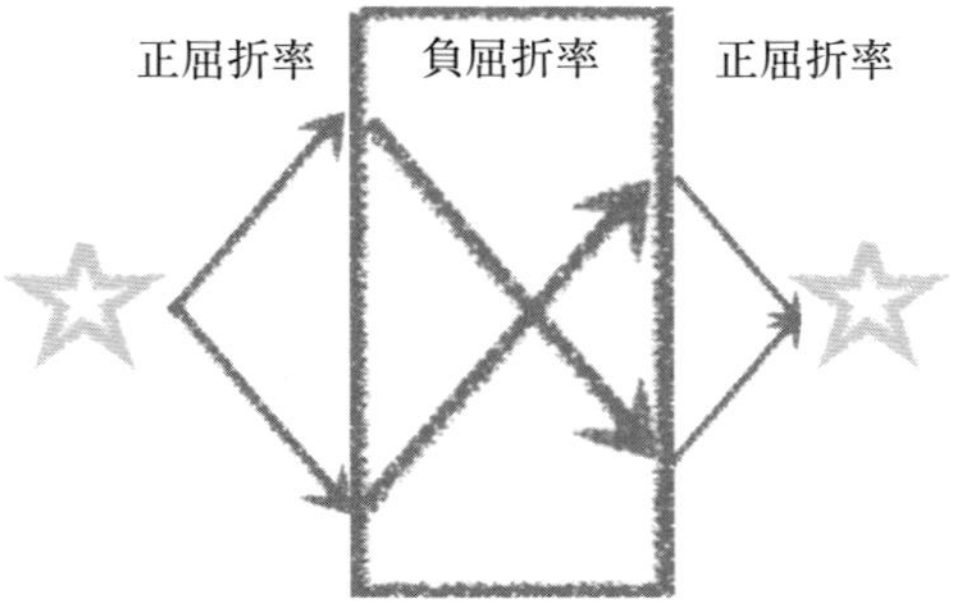

図6.1 1964年にヴェセラゴが予言した負の屈折率による平板レンズ。真ん中の領域の屈折率が負になると、左から入った光が負の方向に2回屈折し、右側に集光される。

6・2　負の値をポジティブに使おう

図6・2を見てください。横軸は物質の誘電率を、縦軸は透磁率を取っています。すると光からみたすべての物質は、誘電率の正と負、透磁率の正と負で分けられる四つの象限に分類できます。ヴェセラゴが考えた物質は第三象限にあるはずです。順番に見ていきましょう。まず第一象限には、正の誘電率と正の透磁率をもつ物質が当てはまります。たとえば眼鏡など通常のレンズに使われる、可視光領域でのガラスなどがここに入ります。

次に紫外線から可視光の光に対する金属の応答を考えてみます。紫外線に対して、金属の誘電率は正の値をとります。ところがそれより周波数が低い可視光の領域では、金属の誘電率は通常、負の値を取ります。これは可視光から見て、金属の中は電気的なプラズマのようになっているからです。プラズマというのは、電子が原子核から離れて（電離するといいます）、比較的自由に動き回れるような状態です。一方で可視光

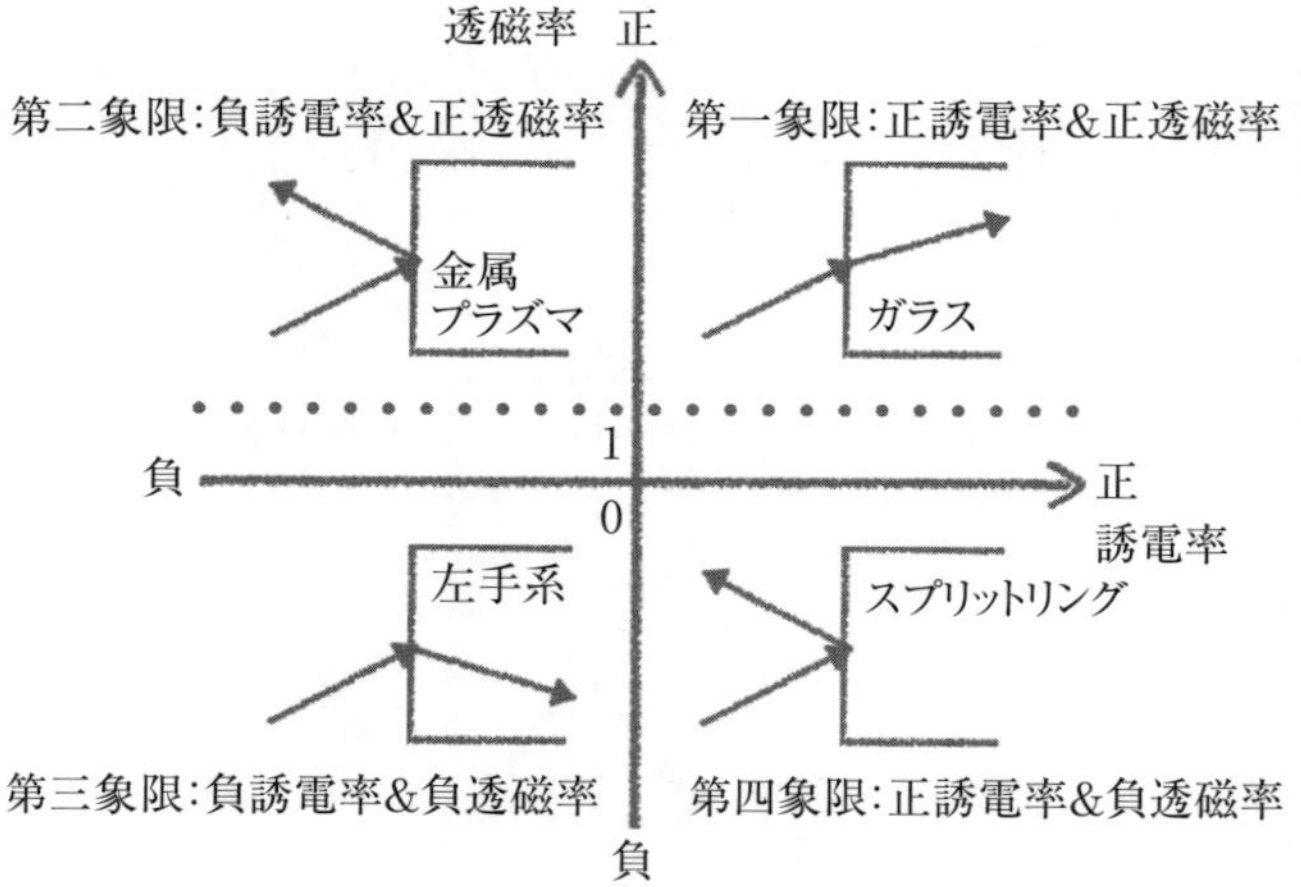

図6.2　ヴェセラゴ図。第一象限：正誘電率と正透磁率（ガラスなど）、第二象限：負誘電率と正透磁率（金属などのプラズマ）、第三象限：負誘電率と負透磁率（左手系メタマテリアル）、第四象限：正誘電率と負透磁率。

の振動磁場に対して、金属の塊は応答できないので透磁率は1です。これらより誘電率が負で透磁率が正だとすると、屈折率は虚数になります。なぜならば負の数の平方根は虚数となり、屈折率は誘電率の平方根と透磁率の平方根の積だからです。虚数の屈折率の結果として、光は金属の中に入り込めず（エヴァネセント）に反射します。これが光が金属で反射する物理的な起源です。このような電気的プラズマをもつ可視光域での金属は、図6・2の第二象限に分類されます。

少しスケールを大きくして、似たような現象を探してみましょう。我々が住む地球の周りには電離層という電気的なプラズマが存在します。この電離層が放送の電波に対してどのように応答するかも、金属が光にどのように応答するかと同じような考え方で理解できます。ただし電離層ではプラズマの密度が低いので、周波数もうんと低くなります。たとえばＢＳ放送の電波の周波数（10ギガヘルツ程度）では、地球の電離層の実効的な誘電率は正の値になります。電離層の透磁率は正なので、屈折率は正の実数となりＢＳ放送の電波は電離層を通過でき、衛星を介してテレビ放送が受信できるわけです。一方でＢＳ放送よりも周波数が低い短波放送の電波（10メガヘルツ程度）に対しては、電離層の誘電率は負の値となります。その結果、電離層の実効的な屈折率は虚数となり、短波放送の電波は地表と電離層の間で、ちょうど光ファイバー内を伝わる光のように、反射を繰り返しながら地球の裏側まで伝わります。これが短波放送を用いて、日本から遠く離れた船舶と通信できる理由です。このように負の誘電率は、物質や媒質の電磁気応答に多様性をもたらします。

さて金属の例を見てもわかる通り、一般的に我々の身の回りの物質で電気的な分極が起きるのは、周波数の高い電磁波、赤外線や可視光や紫外線の領域です。これは電子や結晶の応答によって誘電率が決まるからです。そのような高周波領域で誘電率は、値が1からズレます。またマイクロ波など低周波での金属の誘電率は、より大きな負の値を取ります。

一方、透磁率によって表される磁気応答は電流がぐるぐる回る環状電流に起因します。電子の質量が大きいので可視光の領域で透磁率はほぼ1です。つまり可視光の世界は、図6・2の点線の上にだけ存在します。しかし低い周波数領域、たとえばマイクロ波領域では1からズレます。場合によっては負にもなりえます。そのような物質は第四象限か第三象限に属します。しかしそれほど数は多くありません。誘電率が正ならば第四象限に属して、たとえば磁気共鳴を起こしている磁性体が相当します。金属の磁性体は、低周波数領域では、誘電率も負の値になるので第三象限に属します。しかし、実際は負の値が大きすぎて、インピーダンス整合が取れず、光が反射されてしまいます。このことから、誘電率と透磁率が同じ周波数の光に対して、同時にマイナス1付近の負の値になることは天然の物質では起こりえません。よってヴェセラゴが考えたようなことは、現実的にはありえないと考えられ、図6・2の第三象限は失われたまま、歴史の闇の中に忘れ去られてしまったようです。

実は誘電率と透磁率が同時にマイナス1付近の負の値になることは、物理的には決して不可能なことではありません。ここまで読み進められた読者の方々の中には、解決策を気付かれた方もいるでしょう。そう、誘電率と透磁率を担う物質の役割分担をしてやればよいのです。つまり電気応答する人工構造（電気的メタ原子）と磁気応答する人工構造（磁気的メタ原子）をうまくデザインし、それらが応答する周波数を、ちょうどラジオのように上手くチューニングするのです。このようなチューニングは、天然物質を構成する天然の原子や分子ではひかえめに言っても困難を極めます。ところが天然の原子・分子よりも十分大きな、しかし光の波長よりも十分小さなメタ原子ならば、比較的容易にチューニングできるでしょう。たとえばメタ原子のデザインを工夫すれば、周波数のチューニングは可能です。そのようにしてメタマテリアルを用いれば誘電率と透磁率を同時にマイナス1付近の負の値にすることは、可能なのです。つまり図6・2の第三象限が復活できるのです。

歴史的には、メタマテリアルのようなものは昔から考えられ、作られてきたようです。実際、いまから約一二〇年も前の一八九八年に、インドの物理学者のチャンドラ・ボース（Jagadish Chandra Bose, 一八五八〜一九三七年）がジュート（綱麻、つなそ）の繊維の束で、カイラリティのあるメタマテリアルのようなものを報告しています。またアンテナなどを研究する電波工学の分野で人工誘電体と呼ばれ研究されていたものに、現在のメタマテリアルの萌芽を見て取れます。ただし当時は負の屈折率などの新たな物理的概念は提唱されていなかったようです。そういう意味でメタマテリアルの研究は、肯定的な意味で「見方の科学」といえるかもしれません。かつては特殊な場合での一例に過ぎなかった現象でも、メタマテリアルとして俯瞰的に見ることで共通性を見出すことができるのです。新しい加工や測定などの科学・技術の進歩に伴い、それまでのモノに対する見方を変えることで、いままでは考えられてこなかったこと、たとえば負の屈折率などが発見される。これこそがまさにメタマテリアルの醍醐味なのです。

6・3 蘇えるアイディア —スイスロールとジャングルジム—

「スイスロールはお好きですか?」と聞かれても、日本人にはいまいちピンときません。日本人にとっては「ロールケーキ」といった方が馴染みがあるかもしれません。長方形の薄いケーキ生地にクリームを塗ってくるくる巻いた、おいしいあのケーキです（図6・3a）。一九九九年に英国のペンドリー（John B. Pendry）らは、「磁石ではない材料でスイスロース構造を作り磁気共鳴を起こす」という論文を発表しました。磁気共鳴を起こして、電磁波の交流磁場と反対の方向に磁気応答をさせれば、負の透磁率が実現できます。

鉄など磁石の材料を使うならまだしも、磁石ではない材料である銅でスイスロールを作って、どのように磁気的な応答を起こすのでしょうか。それには電磁誘導を用います（↓コラム6・1「ファラデーの電磁誘導」）。病院での検査などで使われる核磁気共鳴イメージング装置（ＭＲＩ）で使われる、ラジオ波という電磁波を入射し、ラジオ波の交流磁場（磁束）がスイスロールを貫くと誘導電流が流れます。つまりスイスロールに電磁波を当てると「磁石」になるのです。ここでいう「磁石」は、外部励振による電磁石という意味です。電磁石は、電流や電磁波などによって励振することで初めて存在できるものであり、ネオジム鉄磁石のような自発的に磁化をもつ物質とは性質が異なります。この電磁石へのなりやすさをインダクタンス（Ｌ）と呼び、流れる電流と発生する磁場との割合を表します。ただのリングでは、インダクタンスが大きいため、磁場に応答して流れる電流が小さくなり、負の透磁率にはなりません。そこでロール状にして隙間を作り、電荷が貯まる構造にします。与えた電圧と、貯まる電荷の割合を表すのがキャパシタンス（Ｃ）です。ＬとＣがあると電流が振動する現象が起きます。このＬＣ共振回路がちょうど共振する周波数の付近ではリングに大電流が流れます。これによりスイスロールは、ラジオ波に対してまるで磁石のように応答するだけでなく、磁場とは反対向きに磁化が発生し、負の透磁率が実現できます。

　物質が光にどう応答するかを説明していたのに、いきなり電気回路のＬＣ共振器が出てきて面食らったかもしれません。ごめんなさい。でもメタマテリアルでは電気回路的な考え方をするとより理解が進むことがあるの

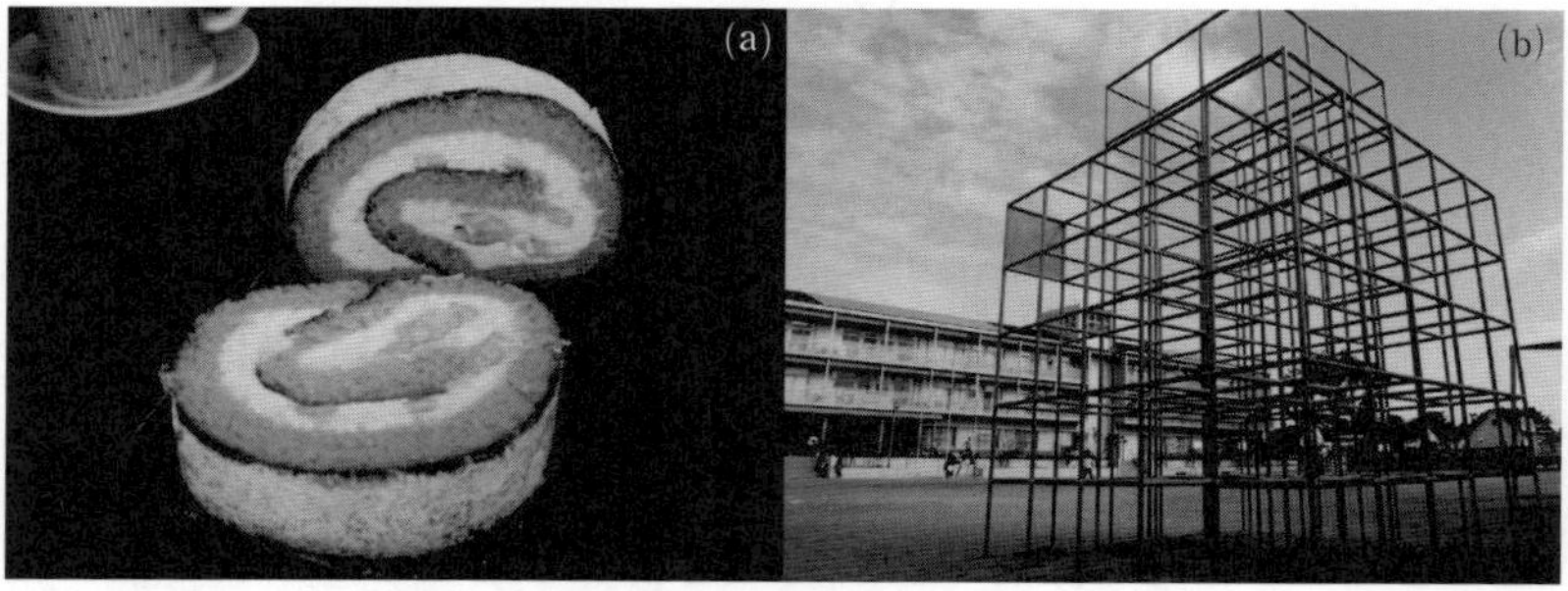

図 6.3　(a)スイスロールと(b)ジャングルジム。

コラム 6・1

ファラデーの電磁誘導

発見した英国人の物理学者であるファラデー（Michael Faraday、1791 ～ 1867年）の名を冠した電磁誘導は、とても有名な電磁気学的現象です。それのみならずメタマテリアルでも、たとえばスプリットリング共振器などで鍵を握る重要な現象です。電磁誘導は端的には、磁場が時間的に変化すると電流を生み出す現象といえます。ファラデーは「磁性を電気に変換する」ことを目的として、この実験を行ったと伝えられています。彼はいまから 190 年近く前の 1831 年、木製の筒に 2 つのコイルを縦に並べて、片方のコイル A にバッテリーとスイッチをつなぎ、もう一方のコイル B に電流を検出する検流計をつなぎました。コイル A のスイッチを入れると、その瞬間に検流計が一方向に振れます。検流計が振れるのはスイッチを入れた瞬間だけです。スイッチが入っている間はコイル A に電流が流れ続けているにも関わらず、検流計は振れません。スイッチを切ると、その瞬間に今度は逆方向に検流計が振れます。木製の筒を磁石となる鉄に置き換えると、この効果はさらに大きくなります。そこでファラデーは、変化する磁場が電流を生み出すと確信したといわれます。さらに変化することが本質的だ、と見抜いたそうです。

スイッチを入れると、コイル A に電流が流れます。すると磁場ができます。その磁場がコイル B に入り込むことで、その変化の瞬間だけコイル B に電流が流れます。スイッチを入れたときと切るときでは、時間によって磁場が変化する方向が逆転するので、コイル B に流れる電流の向きも逆転します。このような状況は、コイルに磁石を出し入れすることと同じです。変化することが本質である電磁誘導は、交流磁場や交流電場を相手にするメタマテリアルでは、スプリットリング共振器で構成される負屈折率メタマテリアルのみならず、第 11 章で紹介するカイラルメタマテリアルなど、さまざまな局面で重要です。

です。スイスロールを発展させたものは、マイクロ波に対して磁気応答するスプリットリング共振器と呼ばれます。隙間（スプリット）が入ってちょうどアルファベットのCの字のような、銅製の直径数ミリのリングです（図6・4）。見方によっては蹄鉄にも見えませんか。スプリットリング共振器は電気回路的に、リング部分がコイル（インダクタンスL）、リングのスプリットやリング間のギャップの部分がコンデンサ（キャパシタンスC）と解釈すれば、LC共振器と考えられます。

またペンドリーはこの三年前に、細い銅線をジャングルジム（図6・3b）のように三次元的に組み合わせることで、マイクロ波に対して電気的なプラズマを作ることができると理論的に提案しました。通常、電気的プラズマは可視光から紫外線の高い周波数にあります。ところが銅を空間的に粗にすることで、空間を占める電子の密度が下がります。密度が小さくなると、誘電率が負になる周波数（プラズマ周波数）が低くなります。ちょうど可視光領域にある金属のプラズマが、プラズマの密度が低い地球の電離層では周波数が低い電波領域に起きることと同じ原理です。さらにこのジャングルジムでは、銅を細線にすることで電子の有効質量を大きくさせることができます。この二つの効果の結果、プラズマ周波数がマイクロ波領域の低周波まで移動し、ジャングルジムの誘電率をマイナス1付近の負の値にすることができるのです。後に話を聞いたところによると、ペンド

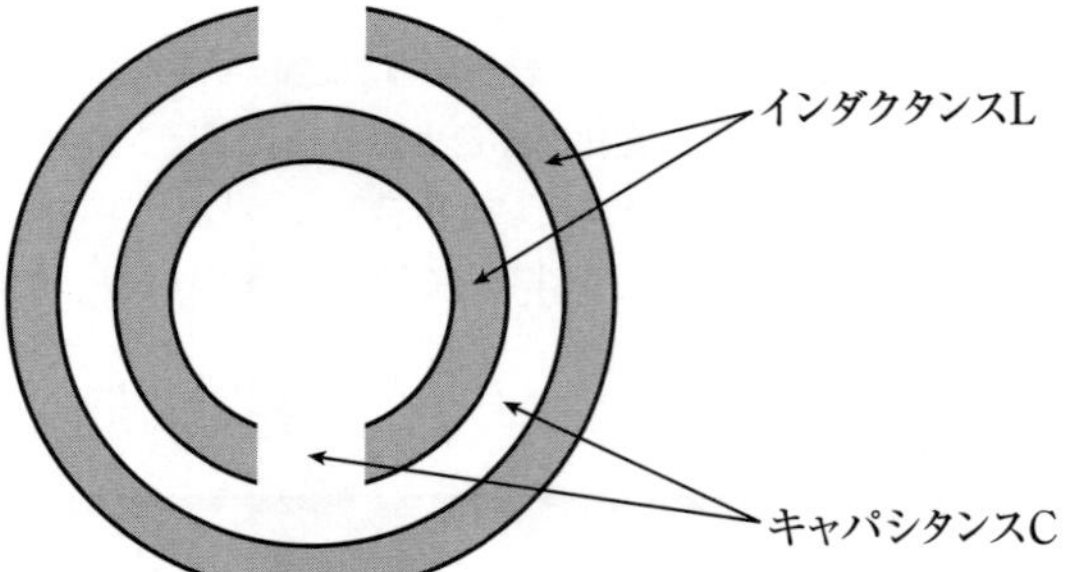

図6.4　二重スプリットリング共振器。

リーはもとは電子構造や表面物理の理論を専門に研究していて、光学などはまったく研究していなかったそうです。その証拠に、これらのペンドリーの論文に、「メタマテリアル」という言葉はひとつも登場しません。

6・4 メタマテリアルの誕生

ペンドリーによる人工構造物質の研究を、当時米国のカリフォルニア大学（UC）サンディエゴ校にいたスミス（David R. Smith）らは知りました。そしてスイスロールとジャングルジムの二つを組み合わせると、マイクロ波に対して透磁率と誘電率が同時にマイナス1付近の負の値となるのではないかと考え研究を始めます。そして二〇〇〇年に、スイスロールを変形させた図6・4のような銅のスプリットリング共振器と、ジャングルジムを簡素化した銅のワイヤを並べたメタマテリアルで、ヴェセラゴが予言した左利きの物質を世界で初めて実現させました。第1章で示した図1・6は、当時UCサンディエゴ校でスミスらとともに実験を行ったパディラさん（Willie J. Padilla，現在、米国デューク大学）に提供頂いた、左利きメタマテリアルの写真です。これはスプリットリング共振器で負の透磁率を、ワイヤで負の誘電率を実現しています。ワイヤだけでは誘電率が負で、透磁率が正なので、マイクロ波が透過してきません。そこにスプリットリングを加えることで、透磁率も負になり、マイクロ波が透過してくることを実験的に示したのです。そして翌二〇〇一年には同じグループが、左利きメタマテリアルを用いて、屈折率が負になることを初めて実験的に示しました。

負の屈折率の実証は、とてもシンプルな実験でした。波長によっては屈折率が負となる左利きメタマテリアルを使って、くさび型の構造（プリズム）を作ります。つまりプリズムの中には図1・6のように銅のスプリットリング共振器とワイヤが並んでいます。このプリズムの底面にマイクロ波を当てます。そしてプリズムの斜面に対して、どの角度でマイクロ波が出てくるのかを調べたのです。正の屈折率をもつテフロンで作製したプリズムでは、予想通り通常の正の角度にマイクロ波が出てきました。一方、左利きメタマテリアルで構成されたプリズムでは驚くべきことに、テフロンの場合とは反対側の負の角度にマイクロ波が飛び出してきたのです。この実験により彼らは「マイクロ波領域では負の屈折率が実現できる」と結論づけました。

この後、左利きメタマテリアルに対して、喧々諤々《けんけんがくがく》の議論がありました。曰く「因果律《いんがりつ》が破綻しているのではないか?」などです。これは科学においては正当なプロセスといえます。何か新しい現象が発見されても、それは何かの間違い、たとえば実験上の予期せぬミスなどである可能性もあるわけです。よって、追試を行い、再現性を確認することが重要です。そして、二〇〇三年に二つの異なるグループが改良した実験で追試をした結果、どうやらスミスらが観測した負の屈折率というものは、少なくともマイクロ波領域では、本当に存在するらしいということで決着がつきました。スミスら現代の熟練した鍛冶屋たちは、四〇年前に歴史に埋もれてしまったヴェセラゴのアイディアを、形而上学的な存在ではなく、実在するモノとして、現代に蘇らせることに見事に成功したのです。

古いアイディアが時間をおいて復活し実現するということは、物理だけではなく、どうやらほかの学問分野にも多々あるようです。故《ふる》きを温《たず》ねて新しきを知る「温故知新」という言葉もあるように、昔の教科書や論文には、知識や技術が進歩した現代的な視点で読み直してみると、おそらくたくさんの新しいアイディアの芽がつまっているのでしょう。科学の研究は、一定のスピードで淡々と進展し、あるときに一気に大きく飛躍するように見えます。この急激な飛躍をブレイクスルーと呼びます。左利きメタマテリアルをめぐる歴史を振り返るたび、ブレイクスルーは温故知新と技術進歩がカギを握っていると感じます（↓コラム６・２「科学的なプロセスとは」）。

コラム 6・2

科学的なプロセスとは

メタマテリアルの誕生は、物理学での大きなブレイクスルーとして、それ自体がとても意義深いものです。さらに、メタマテリアル研究の歴史をみると、「科学的なプロセスとはなにか」について、我々に重要なことを教えていると筆者らは感じます。新しい現象が発見されても、それは何かの間違いである可能性はつねにあるのです。よってそれを「リアルな現象である」ことを確かめることが必要です。そのためにはアイディア、対照実験、開放性、再現性の４つが大切である、ということをこの歴史は教えてくれます。

まずアイディアとして、ヴェセラゴが考えた、物質が負の屈折率をもつとどうなるか？　という理論があります。当時はそのような物質が存在しうるかどうかは別にして、仮にあったとしたらどうなるかを考えたわけです。ここでは理論が先か実験が先かは重要ではなく、それらが車の両輪のように働くことが大切です。次に、対照実験。ヴェセラゴの予言から数十年の月日が経ってから、スミスらによるメタマテリアルとテフロンの２種類のプリズムを用いた実験がなされました。テフロンでは起きないことが、リング共振器とワイヤを組み合わせたメタマテリアルでは起きている。よって起きている現象はメタマテリアルに起因する蓋然性《がいぜんせい》が高くなります。３つ目の開放性は、論文を書いたり、学会で発表して、研究成果を公にすることです。実験を行ってもそれで終わりではなく、ほかの人に伝える必要があります。実験や計算の方法とその結果と考察を公にすることで、それを見聞した世界中の研究者が、追試実験・計算を行うことができます。改良して条件を変えた実験や計算を行い、それでもやはりその現象が観測されます。つまりプロセスの最後として再現性が得られて初めて、その新しい現象はリアルなものとして認知され、受け入れられます。

このプロセスはメタマテリアルなど固体の物理だけではなく、素粒子や天文など高エネルギーの物理でも同じです。さらに物理のみならず、化学、生物、地学など科学全般で幅広く共通する、科学における作法といえるものです。

6・5　左利きと負屈折率

左利きメタマテリアルに戻りましょう。ヴェセラゴがいまから五〇年以上前に提案し、ペンドリーらが実現方法のアイディアを示し、スミスらが実験で証明した負の屈折率を実現するメタマテリアルは、左利きメタマテリアルと呼ばれました。ここではなぜ誘電率と透磁率が同時に負となり、屈折率も負となることが「左利き」と呼ばれるのかをみていきます。

ここでひとつお断りしておきます。第1章で少し登場し、第11章でさらに詳しくみていきますが、化学の分野にも「左手」と「右手」という言葉が出てきます。これはカイラリティのことです。それに対してここでお話しする「左利き」と「右利き」は、この化学での分子のカイラリティを意味する「左手」と「右手」とは異なるものです。

大切なことなので何度も繰り返しますが、電磁波は電場と磁場の波です。その波の真空中や物質内部でのふるまいは、誘電率と透磁率で決まります。そのふるまいの様子は、マクスウェル方程式と呼ばれる方程式で記述されます。これは一九世紀半ばにマクスウェルによって基礎づけられた方程式です。マクスウェル方程式はファラデーの電磁誘導の法則、アンペール・マクスウェルの法則（André-Marie Ampère, 一七七五～一八三六年）、電荷に対するガウスの法則（Johann C. F. Gauss, 一七七七～一八五五年）、及び磁気単極子が存在しないことを表す法則の四つの方程式から構成されます。

図6・5に（a）左利き物質と、（b）右利き物質での様子を手の指を使って表します。マクスウェル方程式から、空気を含む一般的な物質や媒質、つまり誘電率と透磁率がともに正となる媒質の中では、電磁波の電場と磁場の強さの関係は、図6・5（b）のようになります。矢印はベクトルを表します。なお物理で出てくる量には、

大きく分けてベクトルとスカラーがあります。スカラーは大きさのみを表します。たとえば温度や体積などです。一方ベクトルは、大きさと方向を表します。力や速度などがベクトル量の代表的なものです。スカラーは紐のようなものを、ベクトルは３・３節で出てきた麦を想像すればよいでしょう。波数とは、単位長さにある波の数を表すもので、そのベクトル（波数ベクトル）は電磁波の波面の進行方向を表します。波数は電気回路の分野では伝搬定数とも呼ばれます。波面の進行方向と電場と磁場の向きは、互いに垂直です。そして電場と磁場と波の進行方向は、右手の関係をもちます。これを便宜上、「右利き」と呼びましょう。

みなさんも自分の手を使って、「右利き」の電磁波を表現してみましょう（図６・５b）。右手の親指と人差し指で、L字型を作ってください。そして中指を起こして、手前に突き出します。これで親指、人差し指、中指がそれぞれ直交しました。この親指が電場の方向、人差し指が磁場の強さの方向、そして中指が波数の方向に対応します。これが一般的な「右利き」物質での電場と磁場の強さと波の進行方向との関係です。

ところで電磁波のエネルギーの進行方向は、電場と磁場の外積（ベクトル積）で決まります。具体的には、親指を人差し指に添わせよ

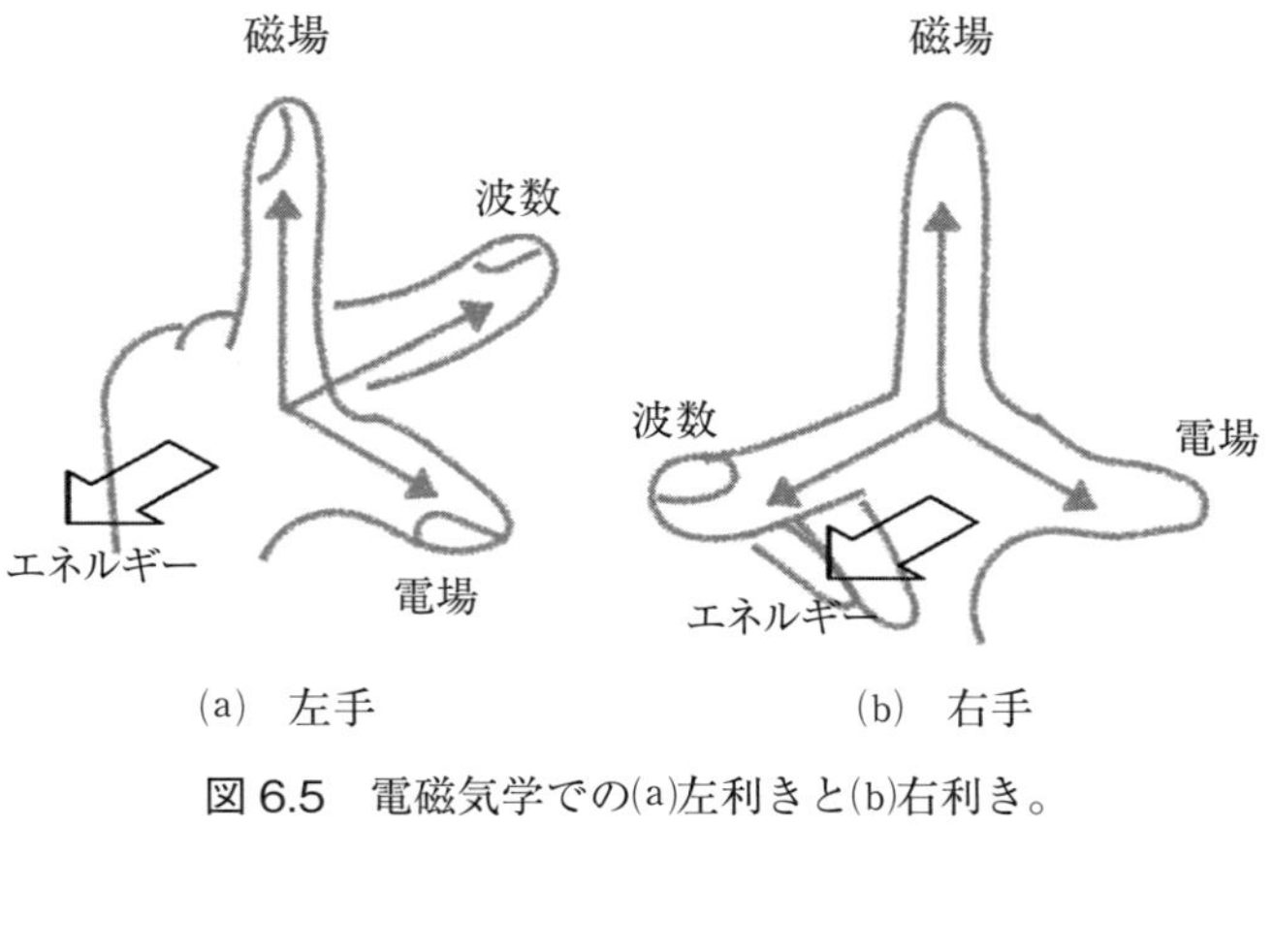

図 6.5 電磁気学での(a)左利きと(b)右利き。

うと回転させたときに、右ネジの進む向きです。よって「右利き」の場合、エネルギーの進行方向は手前側、つまり中指と同じ方向になります。その結果として電磁波の進む向きと、そのエネルギーが進む向きは同じになります。「なんだ当たり前じゃあないか」と思うでしょう。しかし誘電率と透磁率が同時に負になると、もはやこれは当たり前ではなくなるのです。なお専門的には電磁波のエネルギーの進行方向はポインティングベクトル(John H. Poynting, 一八五二〜一九一四年) の方向と一致します。

ではその誘電率と透磁率が同時に負となる、スミスらが実現させたメタマテリアルではどうでしょう。誘電率と透磁率が同時に負になります。よって身をもって表現してみると、右利きの場合と比べて、負の誘電率に対応して親指が反対を向き、負の透磁率に対応して人差し指が反対を向きます（図６・５ａ)。そして波数を表す中指は、向こう側を向きます。この配置は、実は左手の親指、人差し指、中指の配置に対応します。よって誘電率と透磁率が同時に負になった場合を「左利き」と呼ぶのです。

しかしながら電磁波のエネルギーの伝わる方向は、相変わらず電場と磁場の強さの関係のみで決まります。よって今回も親指を人差し指に添わせようと回転すると、その右ネジの進む向きは手前側です。つまり、向こうに突き出した左手中指が表す波数ベクトルと反対方向になります。このことは電磁波の波面の進行方向と、そのエネルギーの進行方向が反対向きになるという奇妙な状況を意味します。専門的にいうと、波束（**↓コラム６・３「波束」**）とそれを構成する波面の進行方向が逆転します。これがヴェセラゴが最初に予言したドップラー効果の逆転をもたらします。しかし、かといって電磁波はエネルギーの進行方向に進むので、原因の後で結果が来るという因果律が破綻するようなことはありません。左利きの場合、電磁波の波面の進行方向が右利きの場合とは逆転するのです。ここで重要なのは、屈折率が負というのはあくまでごく限られた周波数の範囲だけだということです。全周波数にわたって屈折率が負という状況だと、未来の情報が現在に現れていることになり、因果律に反す

コラム 6・3

波束

波を数式で記述する際には、無限に広がった波である平面波を仮定するのが簡便です。それは平面波は「どの場所がどう振動してどう伝わるか」というよりは、「波が全体としてどういう周波数でどの波長で伝わるか」で議論するため、理論的に表しやすいからです。しかし人間が理解するには、粒子のようにある場所に局在した描像の方がわかりやすいことがあります。そこで平面波を重ね合わせることで、あたかもある場所（の周辺）に波が局在したかのようなものを考えると便利であり、これを波束と呼びます。波束を作るには、さまざまな波長の平面波を重ね合わせる必要があるので、波束で起こる現象と、平面波で考えられる現象は、同じように解釈してよい場合もあればそうではない場合もあります。電子や光などあらゆる波動現象で、波束は登場します。本書の後半では、光の現象を、光の波束が運動するようにして捉えることで、平面波では現れないおもしろい現象を探索します。

るため、物理的に実現は不可能です。

6・6 負屈折率メタマテリアル

では左利きメタマテリアルでは本当に、屈折率が負になるのでしょうか。数学の授業では「−4×−4＝16」と習ったと思います。そもそもマイナス掛けるマイナスは何故プラスになるのでしょうか? 実は「マイナスの数」は昔から科学者、特に数学者を悩ませてきた難しい問題です。だれでも最初に習ったとき「ヘンだなあ」と思います。でも「まあそういうもんなんだろう」と受け入れて先に進みます。それが大人になるということなのかもしれません。しかしここはひとつ、若い頃の素直な気持ちに戻ってみましょう。少し立ち止まって、マイナス掛けるマイナスを最初に習った頃の「ヘンだな」という感覚に敬意を表し、本当に屈折率がマイナスになるかどうかについて考えてみます。

屈折率は誘電率と透磁率を掛けて、平方根を取ったものです。「負の誘電率」と「負の透磁率」を掛けたら正の値になります。正の値の平方根をとると、数学的には正と負の両方の値が出てきます。にも関わらずどうして、物理的には屈折率が負だけになるのでしょうか? ここで思いだして欲しいのは誘電率と透磁率、そして屈折率はすべて複素数という量で表されるものだということです。複素数は実部と虚部から構成されます。屈折率の場合、その実部が光の曲がり方、もしくは光のスピード（遅くなり方）を表します。さきほどから出てくる負の屈折率とは、実部が負という意味です。一方で虚部は吸収による損失を表します。吸収による損失は、光が物質を通り抜ける際にその物質に吸収されてしまうと、向こう側に通り抜ける量が減ることです。

そして、この先がおもしろいところで、実部と虚部は決して単独では決まらず、お互いがお互いに影響を与える関係にあります。これを専門的にはクラマース・クローニッヒの関係式(Ralph Kronig, 一九〇四～一九九五年：Hendrik A. Kramers, 一八九四～一九五二年)と呼びます。つまり屈折率の実部が変化するとそれに伴い、それがどんなに小さな量であるとしても、必ず虚部にも変化が現れます。ただし、レーザーなど光を増幅する媒質でない限り、虚部は正にしかなりえません。これは因果律という、「必ず原因の後に結果がやってくる。結果の後に原因がくることはありえない」という物理の根本的な要請に起因しています。左利きメタマテリアルで屈折率が負になるのは、この因果律が原因です。複素数である屈折率の虚部が因果律によって正にしかなりえないので、誘電率と透磁率が同時に負になった時の屈折率の実部は負の値をとるのです。

もっと単純に理解するには、そもそも電気的応答と磁気的応答とが別々だったという事実に立ち返り、屈折率は誘電率の平方根と、透磁率の平方根との積だとするのが簡便です。「マイナスの平方根」掛ける「マイナスの平方根」は虚数単位(i)の二乗をもたらすので負の数ですから、屈折率の実部が負になるわけです。理論的にも不思議に思えることが、現実の世界で実験すれば確かに起こるわけですから、自然とはなんとも不思議な、そしてとても巧妙な計算機だといえるでしょう。なおカイラリティとの混同を避けるために、本章以降では左利きメタマテリアルという言葉は使わず、負屈折率メタマテリアルという言葉で統一します。

ここまで見てきたようにメタマテリアルとは、光の波長に対して十分小さな人工的な構造を作り、それらを組み合わせることで、光を思いのままに操ろうとするものです。メタマテリアルを用いれば、天然の物質では困難な現象が実現できます。屈折率を負にすることすら可能です。これまで我々人類は、新たな物質を合成する際には化学を拠り所としてきました。たとえば新しいレンズを作るときには、新しい組み合わせで材料を混ぜ合わせ融かして固めて、新しい化学組成のガラスを開発する必要がありました。しかしメタマテリアルでは化学だけでなく物理学や、さらには電気回路理論など多様な人類の英知を結集し、新しい物質を「合成」します。言葉を換えると、たとえ銅などありふれた材料を用いたとしても、それら構造の形や組み合わせや配置を工夫することで、光から見ればまったく新しい物質として機能させることができるのです。そのために大事な原理のひとつは、ある機能（たとえば屈折率）の物理的起源を踏まえて、その機能を実現するために複数種類のメタ原子、実際にはスプリットリングやワイヤなどで役割分担することです。このようにメタマテリアルは、さまざまな視点からいろいろな言葉で言い表すことができます。パラフレーズ（言い換え）できるということは、それだけいろいろな人たちを巻き込むおもしろい現象だということです。

最後によく勘違いされるので注意して欲しいこととして、負屈折率を示すものをメタマテリアルと呼ぶわけではありません。あるいは、メタマテリアルは必ず負の屈折率をもつのではありません。確かに本章で紹介したように、メタマテリアルの研究は負屈折率に端を発しています。しかしいまやメタマテリアルは、後の第8章や第9章で見るように、負屈折率以外にもさまざまな現象を実現できて、光以外にもさまざまな波動にさえ応用できる、そんな守備範囲の広い、そして射程の長い概念へと成長しています。そのようなメタマテリアルの現状を見る準備として、ひとまず次章で波というものの基本的な性質について見ておきましょう。

第7章 波の性質

これまで光の性質を述べて、そこからメタマテリアルを紹介してきました。ここで再び基本に立ち返って、波の物理について考え直します。海の波や音の波を例として、波やその速度にはいくつかの種類があることを見ていきます。そしてシャボン玉の虹色の原因や、コヒーレンスという概念についても触れます。さらに位相という言葉の意味、分散という概念についても説明していきます。

7・1 縦波と横波

波と聞くと、何を思い浮かべるでしょうか。海岸に打ち寄せる水の波を思い浮かべることが多いと思います。そのイメージは間違いというわけではないし、日常で使う言葉としてはいいのですが、そのまま科学の勉強に持ち込むと、ともすれば勘違いにつながりますので注意が必要です。波は、物体そのものが動いていくというよりは、振動が伝わっていく様子を表します。

図7・1のように、人が横一列に何人も座って並んでいる状況を考えてみましょう。そして隣にいる人が立てば自分も立ち、隣の人が座れば自分も座るというルールを課してみます。このとき一番左側にいる人が立ったり座ったりを繰り返したら、どうなるでしょうか。一番左の人が立ったり座ったりと上下に運動する様子が、徐々

に右側に伝わっていく様子がイメージできると思います。このようにして振動が伝わっていくのが波（英語で wave）のイメージです。サッカーのスタジアムでも観客が立ったり座ったりを繰り返すことは、文字通り「ウェーブ」と呼びますよね。ここで大事なのは、それぞれの人は単に上下に立ったり座ったりしているだけで、右側に移動しているわけではないのにも関わらず、波としては右に進んでいるように見えるという点です。

波の性質を分類するうえで重要な、縦波と横波という用語についても説明しておきます。日本語で縦というと上下方向のようなイメージをもち、横というと左右方向のように思えます。しかし科学用語としての縦と横は、ちょっと意味合いが異なります。先に横波から説明しましょう。横波とは、波が振動する方向と伝わる方向とが垂直なものをいいます。さきほどの、座っていて並んでいる人たちが立ったり座ったりする様子が伝わっていく「ウェーブ」（図７・１）を見直しましょう。波が振動する方向としては立ったり座ったりの上下ですが、伝わっていく方向は図の右方向でしたから、振動する向きと伝わる向きが垂直です。したがって「ウェーブ」は横波です。

一方で縦波とは、振動する方向と伝わる方向が平行な波です。身近な縦波としては、私たちが話したり聞いたりしている音の波（音波）です。音波は空気の密度の濃淡が縦波として伝わっていくものです。このような波は、密度の小さい疎《そ》と呼ばれる部分と、密度が大きい密《みつ》な部分が伝わるので、疎密波《そみつは》と呼ばれます。

図 7.1　椅子に立って座って波ができる「ウェーブ」の様子。

縦と横といわれると、ここで述べた例では立ったり座ったりというのは日常の感覚としては上下と対応していて縦という言葉が合いそうだし、音の波だと人と話しているときなどは前後左右の方向なので横っぽい印象を受けなくもないでしょう。しかし、科学で使われる縦と横はそうした感覚的な意味とは無関係ですので、注意しないといけません。そもそも、なぜこうして縦と横をくどくど説明しているのか疑問に思われるかもしれませんが、科学ではとても大切な概念なのです。

縦と横の違いは、第4章でみたようなフレミングの左手の法則にも関わります。電場と磁場が同時にかかっている荷電粒子を考えてみましょう。まず、プラスの電荷をもった粒子は、電場がかかっていると電場と平行な向きに力を受けます。そこにさらに、電場の向きと垂直方向に磁場をかけると、粒子は電場と磁場の両方に垂直な方向へ力を受けて運動します。電場の場合は、粒子に対して同じ向きに力を与えますから、縦方向の応答という言い方をします。つまり、電場をかけることがある種の刺激であって、力を受けるのが応答だとすると、刺激に対して同じ向きに応答するのが縦応答です。一方、磁場の場合には、粒子の運動もしくは電場の向きに対して垂直な向きに力が働きます。この場合は刺激に対して垂直な向きに応答するわけですから、横応答と呼ばれます。

特に横応答は、後に第11章で説明する磁気光学効果で本質的に重要な役割を果たします。専門的にいえば、数学の行列を用いて扱うときに横応答は、行列の非対角成分に現れます。たとえば、電場がx方向を向いているときに、電子がy方向にも動くか動かないかが、この非対角成分がゼロかどうかと関わります。

7・2 位相速度と群速度

波の伝わる様子を考えるにあたっては、伝わる速度も重要です。ここでは位相速度と群速度について説明します。位相そのものについては、後の7・5節で詳しく説明します。波の伝わる速さは、波のどういう性質に着目するかによって何通りか考えられて、それぞれ意味合いが異なります。速度が何種類もあるなんて違和感を覚えるでしょう。でも意外と身近にも、どこに着目するかによって速度が異なる場合があります。

真っ直ぐ歩いている人を考えてみましょう。歩いているというからには進んでいるわけで、典型的には歩く速さは時速四キロメートル程度です。ここでの歩く速さというのは何を意味しているかというと、身体の全体として動いている速さであって、一点だけなら身体の重心の動く速さといえます。しかし、たとえば手の指先に着目するとどうなるでしょうか。歩いているときには手を前後に振りますから、身体の重心と指先とを比較すると、指先は前後に振れるにしたがって重心とは追いつけ追い越せ状態になっています。つまり、手が前に振れるときには指先の速度は増えて、後ろに振れるときには指先は減速あるいは後ろ向きの速度になります。「私は歩く時に手は体の横につけたままです」という人のために、靴に着目するとどうなるでしょうか。歩くときには右足と左足を交互に前に出すわけですから、右足を前に出すときには左足は止まっていて、左足を出すときは右足は地面に止まったままです。したがって人が時速四キロメートルで歩いているとしても、右足はいつもその速度ではなく、止まったり素早く動いたりを繰り返していることになります。

このようにして、速度といってもどこに着目するかでふるまいがだいぶ違って見えます。ただしそうはいっても、歩いている人は全体としては進むわけですから、右足の運動だけに着目したとしても速度を平均すれば時速四キロメートルです。そうでなければ、体から右足だけがどんどん離れていってしまうことになって大変ですから。

同じように波動にも、何通りかの速度があります。その中で代表的なものが位相速度と群速度です。群速度は、日常での速度のイメージと近いです。しかし、位相速度は場合によっては錯覚を誘うことがあります。よってまず位相速度から具体例を見ていくことにしましょう。

位相とは周期的に繰り返される振動や波動において，ある局面を指定するものです。位相速度は，その名の通り位相が進む速度という意味です。車のタイヤが回る速度を位相速度と見立てて説明しましょう。テレビのコマーシャルなどで道路を走っている車を見ると，車が前に走っているのにも関わらず，タイヤが逆回転しているように見えることがあります。なぜでしょうか。

それは，撮影時もしくは放映時のコマ（独楽ではありません）の間隔と，車の速度との関係によります。まずは車の速度が遅い場合を考えてみます。車が遅いということはタイヤが一回りする時間が長く，コマの間隔の方が短い場合に相当します。このときは何の問題もなく，タイヤは車の走る向きに回転しているように見えます。しかし車がスピードを上げていってタイヤの回転がとても速くなった場合では，見え方は変わってきます。どういう条件でそのようなことが起こるでしょうか。ひとコマずつ見ていったときに，タイヤが回っている状況をそのまま辿れているうちはいいのですが，タイヤの回転が速いと，ひとコマ進めたときに思ったよりもタイヤが回ってしまうという状況になります。細かくいうと，タイヤが半周する時間がコマ割間隔よりも短くなると，今度はタイヤが逆回転しているように見えるわけです。またタイヤの半回転の時間とコマ割間隔が，もしもぴったり一致していれば，あたかもタイヤは回ってないかのように，まるで車がスイスイすべっているように見えることがあります。これは連続的にストロボ撮影している状況と同じです。ほかにも散髪屋さんの前でクルクル回っている赤と青色のネジネジをストロボ撮影しても，撮影間隔によって進んでいるように見える方向が逆転します。

こうした現象はテレビでなくても，日常でもたまに経験します。ものすごく疲れていたり寝不足なときに，眠くて夜の七時に眠ってしまったことを想像してみましょう。ふと目が覚めてアナログ時計を見ると，九時だったとします。このときどう思うでしょうか。眠った日の午後九時なのか，翌日の朝の九時なのかが，一瞬わからなくなることがあります。「外を見れば明るいか暗いかでわかるんじゃないか」と思われるかもしれませんが、目が覚めた直後というのはまだ寝ぼけていますので、すぐにはわからないことがあるものです。時計の針は十二時間周期でまったく同じになりますので、二時間経過したのと十四時間経過したのは見かけ上は区別できないわけです。頻繁に時計を見て時間の経過を確認していれば勘違いすることはありませんが、何時間寝ていたかわからないような状況では、その十二時間の差が判別できないというわけです。時計の場合は、時間は進むことはあっても普通は逆戻りしたりはしませんから、寝ぼけたときに混乱するのは十二時間ごとの差です。しかしタイヤのように逆回りもできるような場合には、どっちに回ってるのかわからなくなります。

このように、位相速度は、角度が変わっていく速度といえます。角度は三六〇度回ると元に戻る性質をもつため、周回遅れがあたかも実際の速度が速いように見えたり、速く回り過ぎるとあたかも逆に回ってるかのようにも見えるわけです。位相速度の大小は、重心の速度とは必ずしも一致しません。専門的にいえば、位相速度は周波数を波数で割った量に対応しています。そしてこれは屈折率に対応します。屈折率が1よりも大きければ光速よりも遅く、1よりも小さければ光速よりも速くなります（↓コラム7・1「光速を超えてもよい」）。

次に群速度について考えましょう。群速度は、理論的には周波数の分散を波数で微分したものとして定義されます。ここが位相速度と違う点であり、周波数を波数で割ると位相速度、波数で微分すると群速度です。多くの場合で群速度は、波束のエネルギーが進む速度と等しくなります。エネルギーが進む速度は、これまで述べた例に当てはめれば、車が走る速度に相当します。前に進む車のタイヤに着目すれば、タイヤの中心の速度に対応するわけです。タイヤの上側の速度はこれより速く、下側の速度はこれより遅いことがわかるでしょう。

波束の運動を考えると、波束を構成する平面波（↓コラム6・3「波束」）の位相速度は、真空中の光速より速かったり遅かったりさまざまな値がありえます。しかしそれらが作る波束の重心が動く速度である群速度は、

コラム 7・1

光速を超えてもよい

光の速度である光速を数式にするときは、c と書くのが慣例です。これはラテン語で速度を表す celeritas の頭文字をとったものです。アインシュタインの相対性理論では、物事は光速を超えて伝わることはないと習います。しかし、科学で現れる速度には位相速度や群速度を始めとしていくつもの種類があり、それらのすべてが光速を超えてはならないというわけではありません。光速を超えてもよいことがあります。もちろん相対性理論と矛盾はしません。

位相速度は、その名の通り位相が進む速度という意味です。振動する運動を例として考えると、位相は 360 度（弧度法では 2π）の周期性をもつことから、周回遅れの成分がむしろ位相としては進んでることと等価になって、その進む速度が光速よりも大きくなることが非常に多くあります。身近な例としては X 線です。物質の屈折率は X 線に対しては 1 よりわずかに小さいため、位相速度も光速より速くなっています。

群速度は、周波数分散を波数で微分したものとして定義されます。波束の重心の速度に対応します。多くの系において、この群速度はエネルギーの伝わる速度と等しくなるために、その場合には光速を超えることはありません。しかし定義のうえでは、エネルギーの伝わる速度と群速度は別物ですから、群速度が光速を超えることもありえます。位相速度と群速度が光速を超えても、タイムマシンはできません。

このように速度の定義によっては、光速を超えることはありえることです。ただそうはいっても「光速を超える」という言葉の響きには、不思議な現象だと思えてしまう魔力があるので、研究の中では、群速度のように多くの場合では光速を超えないような速度が光速を超える状況があると、興味を引きます。なおタイムマシンを作るためには、情報が伝わる速度であるパルスの波頭速度が、光速を超える必要があります。しかし波頭速度は、いくら机の引き出しを開けてみたところで、光速を超えることは因果律が禁じています。タイムマシンを作ることは、なかなか難しそうです。

一般的には光速を超えません。したがって、大まかには「群速度は光速を超えない」と思ってよいのです。ただし、これはあくまである近似の下でエネルギーの伝わる速度と群速度が等しい場合のことです。群速度自体の定義は周波数を波数で微分したものですから、場合によっては群速度が光速を上回ることもありえます（↓コラム7・1「光速を超えてもよい」）。特殊なメタマテリアルを用いた場合は、エネルギーの伝わる速度と群速度が異なり、群速度が光速を超えることもありえます。

7・3　波の干渉

光は干渉という現象を起こすことがあります。日常で「干渉する」というと邪魔をするとか、余計な口出しや手出しをするとか、茶々を入れるとかいうような意味合いです。しかし、光のような波動を扱う場合には、干渉という言葉は少し違った意味で使います。波の干渉とは、いくつかの波どうしが重ね合わさって新たな波を形成することです。シャボン玉の虹色は、シャボンの膜の表面で反射した光と、膜に入って裏側の面で反射した光が干渉していることに由来します。

いま波が二つだけあったとして、干渉を考えてみましょう。ここで大事なのが、干渉するためには、二つの波が重なると両者が区別できてはいけないということです。ちょっと意味がわかりにくいかと思いますので、具体例で説明しましょう。まずは、いかにも干渉しない例を考えてみます。二つの波として光と音を考えてみましょう。いまこの本を読んでいらっしゃるみなさんは、何かしらの光で照らされた場所にいるはずです。さすがに真っ暗な場所にいることはないですよね（無意識のうちに目を閉じてしまっている場合は別にして）。ということは、みなさんの身の回りには光という波が存在しています。そして耳を澄ますと、何らかの音が聞こえていると思います。まったく無音な状況にいる場合でも、自分で「あいうえお」などと口に出せば、音の波を作り出すことができます。こうして、身の回りに光と音という二種類の波ができます。これらの波は干渉するでしょうか？ 普通は干渉しません。なぜ干渉しないかというと、光と音は別物の波であって、光は光、音は音だと区別できるからです。

二つ以上の波があっても、それらが区別できてしまうと干渉しません。光に向かって「あいうえお」と叫んでも光が曲がったりはしませんし、逆に「あいうえお」と叫んでいるところに横から光を当てても声が横にそれることも普通はありません。ただし、厳密にいえばまったくありえないかというとそういうわけでもなく、とてもとても小さな影響としてはありえるのですが、日常の暮らしで感じとれることはありません。そうしたわけで、波と波が違うものとして区別できるときには、波の干渉は起こりません。光と音というそもそも別物のような例を示したために、干渉しないのは当たり前でした。実際の研究では、そうしたあたりまえ（自明《じめい》）な場合を考えるわけではなく、似たような性質をもっている波と波を扱うことが多いです。そのため、波のさまざまな性質をいろいろと難しく考えようとしているうちに、そもそも干渉するかしないかという基本的なところで足をすくわれそうになることもあります。

それでは次は干渉する波の例を挙げてみましょう。最も重要な例はヤング（Thomas Young, 一七七三～一八二九年）の二重スリットの実験です（**図7・2**）。図7・2（a）のように、あるひとつの光源があったとして、そこから出る光に対して細いすきま（スリット）をAとBの二つ用意します。スリットAかスリットBを通った光は干渉するので、検出器で見ると干渉縞《かんしょうじま》が見えます。ここで大事なのは、スクリーンに到達した光はスリットAを通ったのか、それともスリットBを通ったのか、どちらなのかはいえないということです。このように二つ以上の状態を区別できなくなるような状況だと、波は干渉します。そこで今度は、図7・2（b）のように、

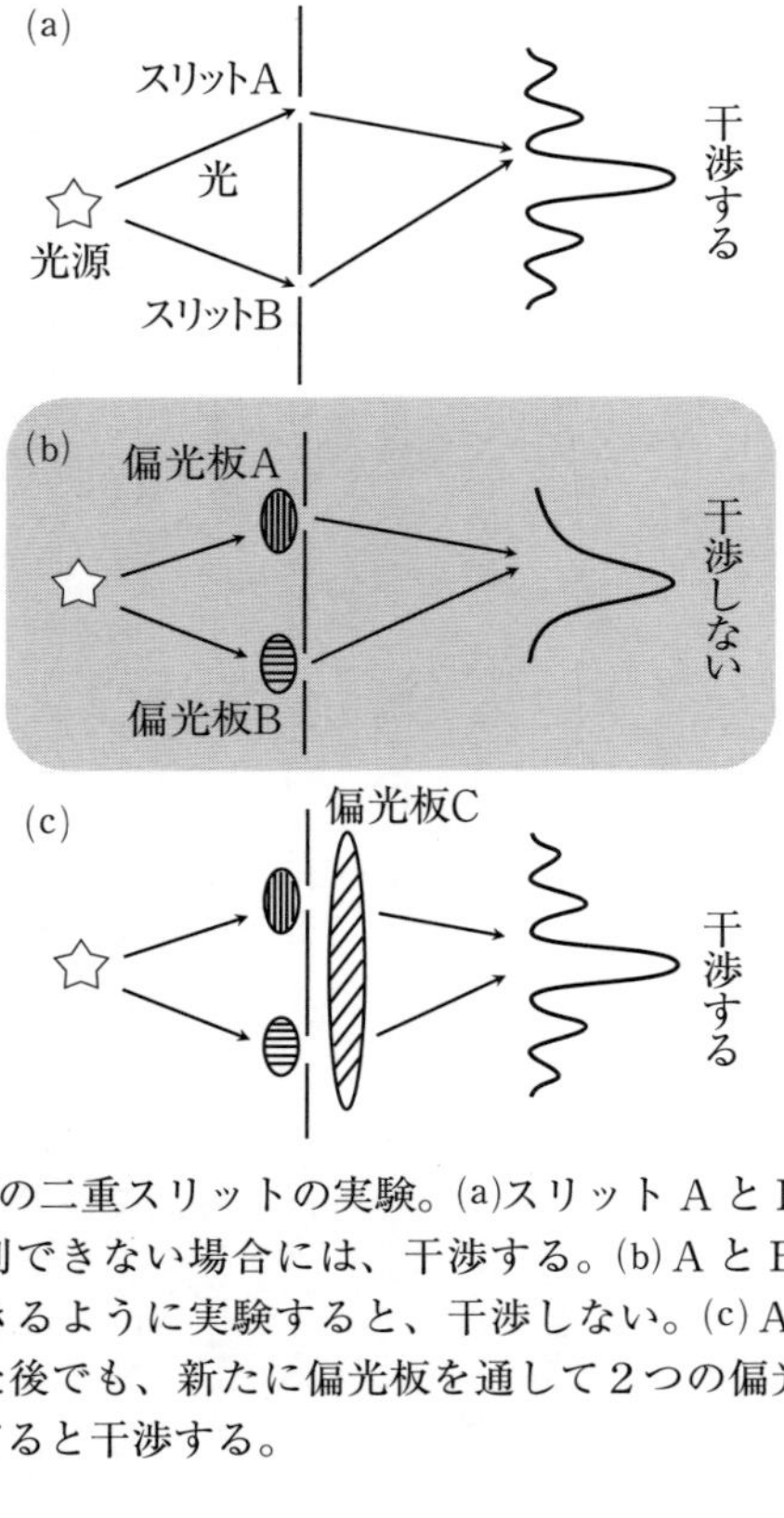

図 7.2　ヤングの二重スリットの実験。(a)スリット A と B のどちらを光が通ったか区別できない場合には、干渉する。(b) A と B とを偏光板を通して区別できるように実験すると、干渉しない。(c) A と B と区別できるようにした後でも、新たに偏光板を通して２つの偏光どうしを区別する情報を捨てると干渉する。

スリットAとBの前に偏光板AとBを置き、それぞれ直交する偏光だけが通るようにして、つまり光がどちらを通ったのか偏光で区別できるようにすると、干渉しません。しかしさらに、図7・2(c)のようにスリットの後に偏光板Cを置き中間の四五度の偏光だけを通すようにすると、区別する情報を捨てたことになり、Aを通ったのかBを通ったのかを区別できなくなりますので、干渉します。少し不思議な感じがします。

干渉させるというのは、光学の実験ではとても重要な手法です。光を使う実験では何らかの意味で物事を見るというのが目的であって、そのため干渉を使うことが多いわけです。狭い間隔を測るためのニュートンリングや、フィゾー(Armand H. L. Fizeau, 一八一九~一八九六年)により一八五一年に行われた光速を測る実験でも使われています。さらに二〇一六年に重力波を初めて検出したLIGO実験(二〇一七年ノーベル物理学賞)でも光の干渉を用いています。物事を見るために干渉を使うのに、干渉させるためには二つの状態が区別できてはいけないというのは、なんだか逆説的でおもしろいと感じます。

7・4 コヒーレンス

どれだけ干渉するかを表すものとして、コヒーレンスという概念が光学ではとても重要です。コヒーレンスとは光の位相の揃い具合を表すものです。位相が揃っているか揃っていないかといわれても、あまり実感が湧きにくいので、身近な例で説明してみましょう。位相が揃うかどうかは、いわば光の足並みが揃うかどうかと考えるとわかりやすいです。はじめに足並みが揃ってない場合から考えます。歩行者天国でたくさんの人が歩きまわっている様子を想像していただけるとよいです。みんながバラバラに動いているので足並みはまったく揃っていません。このような状況は、まったくコヒーレントでないということで、インコヒーレントといいます。たとえば太陽光はインコヒーレントです。

次に足並みが揃っている場合は、運動会などで全員で行進している様子を想像するとわかりやすいです。足並みが揃っている場合は、みんなで一斉に動いているために何人いるかすらわからず区別できないので、波に置き換えれば干渉するということになります。ここでも、干渉するかどうかは区別できるかどうかに関わる、ということが大事になります。まったく揃ってない場合は、どれが誰の足かは一応は区別することができますから、波の言葉でいえば干渉しません。

光を使った実験をするには、まず光を出す光源が必要です。コヒーレントな光を作り出すには、いかに足並みを揃えさせるかが重要な問題です。可視光は波長が原子のサイズよりも十分長いため、身の回りにもあるレーザーを使えば、コヒーレントな光が得られます。ところがX線の場合には、波長が原子間距離ほどにまで短いために、足並みを揃え位相を揃えるのが大変です。そのために、光を長距離伝搬させて足並みの大差をなくしたり、大掛かりな装置（X線自由電子レーザー）が必要になるほどです。一方でマイクロ波のように、X線や可視光と比べてとても波長が長い電磁波の世界には、コヒーレンスという言葉自体がありません。現代では位相が完璧に揃ったマイクロ波を発生させることができ、しかもその位相を測定することができます。ここでおもしろいのが、X線や可視光のようにそもそも位相が揃っていなかったような場合にはコヒーレンスという言葉が重要になるけれども、マイクロ波で位相が揃うのはもはや当たり前なので、言葉としても使われなくなってしまっているという点です。光学の研究において、将来、あらゆる波長の光で「コヒーレンス」という言葉が使われなくなることが、光源開発者の夢です。

ただし、いつでもコヒーレントな光がよいかというと必ずしもそうではないのがおもしろいところです。干渉縞が出てしまうと不都合な場合には、むしろインコヒーレントな光を求めることもありえます。

7・5 「いそう」と「位相」

位相という言葉はとても重要です。ただ困ったことに、異なった意味内容でもたまたま位相という同じ文字の用語があてがわれた事情があり、時に混乱を招くことがあります。ここではいくつかの「位相」を紹介します。

（i）振動・波動における位相…周期的に繰り返される現象において、ある局面を指定するものであり、三角関数 $\sin\theta$ でいうと θ のこと。角度として読まれ、英語では phase といいます。ただし、この位相にも、現象を時々刻々と辿るときの位相である絶対位相と、干渉などで見る場合の絶対位相どうしの差である相対位相があり、どちらの意味で使われるかは状況によります。

絶対位相の本来の意味は、角度の原点はどこにとってもよいという意味であり、絶対的に角度を決められないのは当然です。この意味で絶対位相は観測量ではありません。ただし、多くの場合、絶対位相は実用上は別の意味で使われます。ある基準の角度は設定したとして、そこから測った波の位相のことを絶対位相と呼びます。基準を決めた後での波の位相は、X線のような振動数の高い光では測定できませんが、マイクロ波では測定可能です。その意味で「マイクロ波の絶対位相は測ることができる」ということがあります。

一方、相対位相は観測できる量です。相対位相は位相差ともいわれ、文字通り二つの絶対位相の差を意味しており、理論的には微分で書かれることもあります。上で述べた絶対位相の二つ目の意味は、言い換えると、基準の角度からの相対位相、といえます。また、主に光学の分野では、位相をずらすことを移相《いそう》といいます。位相と移相は同じ発音なので紛らわしいですが、文字で書く分には区別できますし、仮に聞き間違ったり見間違ったりしても、意味合いはわかりますので誤解が生じる可能性は低いです。なお文学的表現として、「事態は新たなフェーズに突入した」という表現は、この意味で使っています。

(ii) 物理の位相空間…位置と運動量を一緒に考えた空間のこと。一次元の運動だと、位置と運動量とをあわせた二次元平面を位相空間と呼びます。相空間と呼ぶこともあります。英語では phase space と書きます。(i) と同じ言葉を使ってはいますが、直接は無関係です。

(iii) 数学の位相…集合に対して、何らかの関係性の情報を付け加えること。英語で topology と書き、特に位相幾何学はそのままトポロジーなどと呼ばれます。トポロジーのトポという言葉は、ギリシャ語で「場所」を意味するトポスからきています。数学での位相空間は、topological space と書きます。(ii) の物理の位相空間とは無関係です。(ii) と (iii) の意味での「いそう」は、最後の第12章で登場します。

このように、位相と名のつく概念は複数あります。それぞれ使われる文脈が違う場合が多いので、その場合には混同されることはないのですが、同じ文脈でも異なる意味で使われることもありえます。たとえば、「位相空間におけるベリー位相という位相幾何学的な量」という言葉があったとすると、この中で使われている位相は順に (ii)、(i)、(iii) であって、それぞれ別ものです。

7・6 分散関係とバンドギャップ

これまで何度か波動に関する説明で、分散関係という言葉を使ってきました。分散関係とは周波数と波数ベクトルとの関係のことです。ここで波数とは、単位長さあたりに含まれる波の数であり、波長の逆数に 2π を掛けた値です。波長はスカラーですが、波の伝わる向きは三次元なので、それぞれの向きに関して波数があるため、ベクトルとして表わせて、波数ベクトルと呼びます。この波数ベクトルの意味で単に「波数」と呼ぶことも多いです。大まかには、周波数が大きいほど、波数も大きいという傾向がありますが、場合に応じてさまざまなため分散関係が重要になります。

なぜ分散という言葉を使うのかは、波束と関わっています。理論的には、波の状態を記述するには、扱いやすいようにまずは周波数や波数がひとつだけの場合で考えます。ただ、その場合は無限に広がった波を表すことになってしまいます（平面波）。現実的に、ある程度の空間・時間の範囲内にある波（波束）を考えるには、いくつかの周波数・波数の波を重ね合わせる必要があります。そのような波束が、伝わっていくにしたがってどんどん広がっていくのか広がらないかという問題は、言い換えると、分散するのかしないのかという問題になります。いま出てきた分散という言葉が、まさに分散関係と呼ぶいわれです。波束が広がる場合は、「分散がある」という言い方をして、分散関係のグラフ（図7・3の右上のようなグラフ）が曲線になっていることを意味します。一方、波束が広がらずに伝わっていく場合は、「分散がない」といい、分散関係が線形になっていることを指します。

いま少し場面を変えて、粒子の力学を考えてみましょう。力学の問題を解く際に目標となるのは、各時刻ごとに粒子がどこにいるかがすべてわかればよいので、粒子の位置を時間の関数として解くこと、といえます。つまり位置の情報を具体的な数式で表すことが目標です。位置を時刻で微分すると速度になり、さらに時刻で微分すれば加速度になります。

それでは波動現象だとどうでしょうか。力学での目標をそのまま波動現象に対応させるには、フーリエ変換（Jean-Baptiste J. Fourier，一七六八〜一八三〇年）と呼ばれる数学を用いて、位置の情報を波数で書き表し、時間に関する情報を周波数で書き表します。ですから力学での目標であった位置と時間との関係を求めることを波動現象に置き換えれば、波動では周波数と波数との関係、つまりは分散関係を具体的な式で表すことが目標のひとつだといえます。分散関係の形がわかると、それを波数で微分して得られる傾きは群速度にほかならず、さらにもう一度波数で微分して得られる曲線の曲率は有効質量の逆数にほかなりません。これらの関係をまとめると、図7・3のように表わせます。波動における分散関係の重要性が認識できます。なお、波動論を学ぶと、分散関係が重要なのはよいとして、波動方程式を解いて波動関数を求めることも目標です。分散関係と波動関数の両方の性質を調べることが、後に第12章で述べるベリー位相理論の肝になります。

第4章で紹介したように、光の質量はゼロです。しかし、もし分散関係が曲率をもてば、有効質量がゼロ以外の値をとります。よって光がゼロではない有効質量をもつことができます。そのような場合では分散関係の傾きもゼロにすることができて、光の群速度がゼロという状

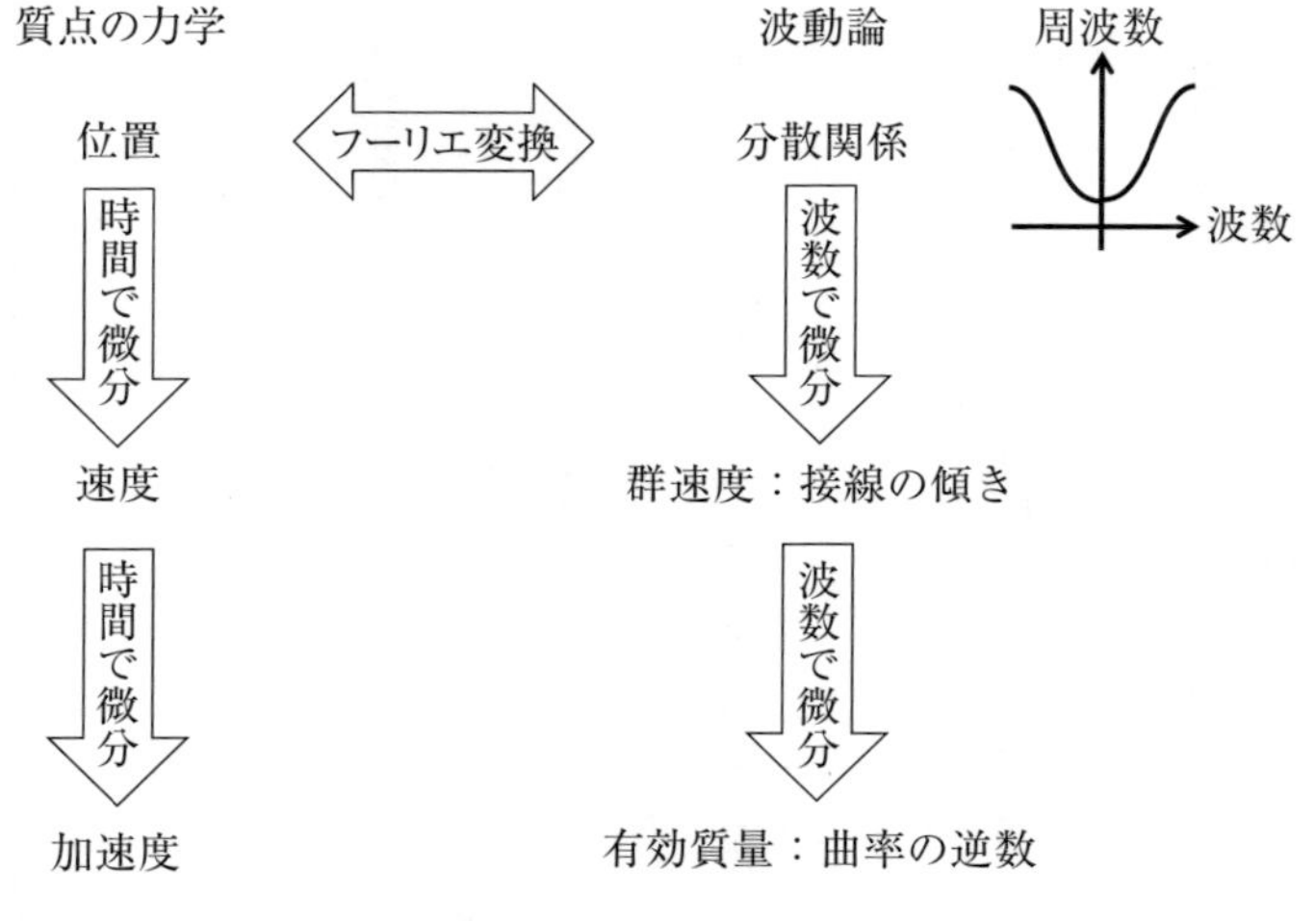

図7.3　質点の力学と波動論に関して、微分による物理量の対応関係。簡単のため１次元の場合で記述した。

態も実現できることになります。さらにこの場合では、「ある周波数の範囲では、対応する波数が存在しない」というバンドギャップと呼ばれる周波数領域も現れます。メタマテリアルをはじめとする人工構造では、この分散関係をいかにうまく設計するかが研究の指針として重要です。

第8章 メタマテリアルの過去、現在、そして未来

ここまで磁気や光や波についての説明をしてきました。それらを踏まえつつ、ここで再びメタマテリアルの話題に戻りましょう。負屈折率メタマテリアル誕生の後、メタマテリアルの快進撃が始まります。その後、メタマテリアルは苦悩の時期を迎えます。そしていま研究は新たな段階を迎えようとしています。メタマテリアルができることは、光に対する負の屈折率だけではありません。メタマテリアルは、負の屈折率以外もさまざまな新しい現象が実現できる射程の長い、光以外のさまざまな波動に対しても適用できる守備範囲の広い、そのような概念に成長しつつあります。

8・1 メタマテリアルの進撃

第6章で述べたように、負の屈折率は少なくともマイクロ波領域では存在してもよいようだ、という共通認識が二〇〇三年に得られました。そこからメタマテリアルの快進撃が始まります。マイクロ波で起きるならば、もっと高い周波数ではどうなのだろう、と考えるのが研究者の人情です。高い周波数は短い波長に対応しますので、これは、より短い波長をもつ電磁波に対する負屈折率メタマテリアルはどうすれば実現可能か、という問題に焼き直せます。

メタマテリアルは波長よりも十分小さい人工構造からなります。よって短い波長の光に対して応答するには、リング共振器やワイヤを小さくせねばなりません。マイクロ波の波長は数十ミリメートルですから、数ミリのリングやワイヤでよかった。ところが波長がどんどん短くなると、リングやワイヤもどんどん小さくしないといけないのです。小さくすれば、異なる周波数であっても同じ原理で機能するのです。これをスケールを変えられるという意味で、スケーラビリティと呼びます。たとえば車載レーダに使われるミリ波などは波長が数ミリです。これに対応するには、人工構造はマイクロメートルの大きさである必要があります。この程度の小さな共振器は、現代の技術をもってすれば十分に作製は可能です。しかしそれよりもさらに小さな構造を作ることは、それ自体がチャレンジです。

負屈折率メタマテリアルの高周波化は急速な勢いで進みました。それに伴い、スプリットリング共振器は小さくなり、デザインも変化します。当初は図６・４に示したような二重のスプリットリング共振器だったものが、電波と光の中間にあるテラヘルツ領域では、単一のスプリットリング共振器になります。さらに光の領域に近づくにつれて数百ナノメートルのサイズの、サンドイッチ型やプリン型、そしてダブルフィッシュネット（二重漁網）型のメタマテリアル（**図８・１**）が登場します。いずれも原理的にはスプリットリング共振器とワイヤの複合体のデザインを変化させたもの

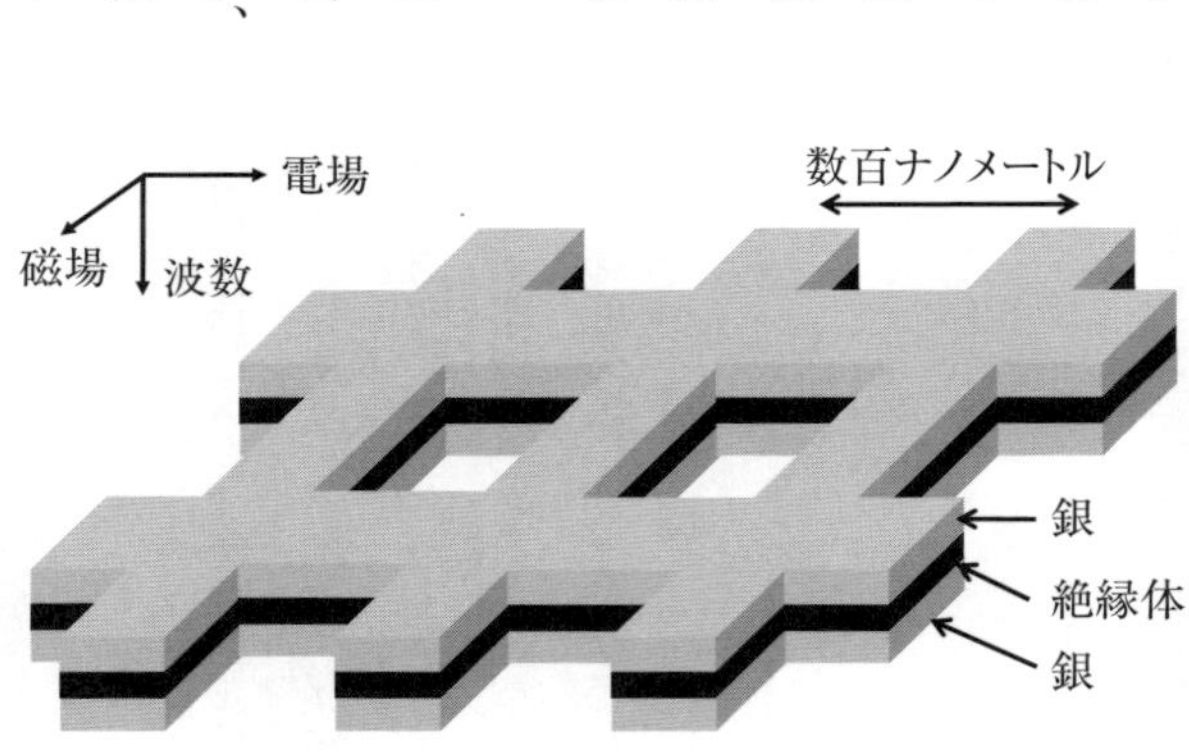

図 8.1　赤外線領域でのダブルフィッシュネット型負屈折率メタマテリアル。

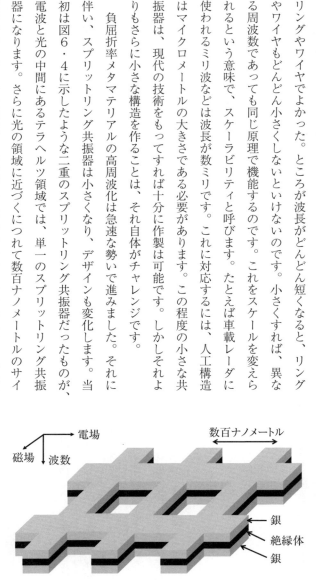

です。この変化は、スプリットリング共振器の構造を小さくすると同時に、キャパシタンスの減少を目論んでいます。キャパシタンスが減少すれば、共振周波数が上昇して光の領域が見えてきます。

図８・１に示すダブルフィッシュネット型メタマテリアルは、二層の金属で絶縁体をサンドイッチした、コンデンサのような構造をネット形状に加工して作ります。金属のネット構造は金属ワイヤと同様に、負の誘電率をもたらします。一方、金属と絶縁体と金属の三層構造は、横から見ると、ギャップをもつスプリットリング共振器のように見えます。よって光の磁場が三層構造を横から貫く方向で光を入射すると、磁気応答が起き、透磁率が負になる。結果として、赤外光に対してはダブルフィッシュネット構造で誘電率と透磁率が同時に負になり、屈折率が負になる、という仕掛けです。

素材の金属には、銅の代わりに金や銀が使われるようになります。たとえば数百ナノメートルの穴が開いたダブルフィッシュネット型構造は、次のような工程で作製できます。基板と呼ばれる板に、銀の膜、ガラスの膜、銀の膜を順番にとても薄く、典型的には数十ナノメートルの厚さで積んでいきます。この多層膜の上にレジストと呼ばれるポリマーを塗り、電子の極めて細いビームを使った電子線リソグラフィという手法で加工します。

リソグラフィといえば、いまほどパソコンとプリンターが一般的でなかった頃、年賀状を作るために印刷ごっこができる機械がありました。あれは光リソグラフィ（フォトリソグラフィ）という手法です。光にあたると変質するフィルム（感光材）に絵を描き、その部分は光が当たると溶けてフィルムがなくなります。なくなった部分にインクを載せて、版画の要領でペタンペタンとすると、年賀状が印刷できます。パソコンや携帯電話に入っている集積回路（ＩＣやＬＳＩ）は、これとよく似た方法で作られます。しかし可視光を使っているだけでは、ナノサイズの構造を作るのは不可能ではないにしても、困難を極めます。よって、より小さな構造を作るために電子線を用います。

電子線も光と同じく波としての性質をもちます。波はその波長よりも小さくは絞れないという性質があります。これを回折限界といいます。電子線の波長（0.1ナノメートルのスケール）は可視光の波長（数百ナノメートル）よりも短いので、ビームがより小さく絞れて、その結果として小さな構造を作ることができるのです。金属とガラスの多層膜に、電子線が当たると変質するレジスト、つまり感光材ならぬ「感電子材」を塗ります。そこに電子線を鉛筆のように使いパターンを描いて、現像することでナノメートルサイズの「窓」が開きます。この窓を通して膜を削り、その後に残った感電子材を取り除くと、とても小さなプリンやサンドイッチ、ダブルフィッシュネット型のメタマテリアルが完成します。

私たちの目に見える、波長が数百ナノメートルの可視光に対して機能するメタマテリアルの構成要素は、数十ナノメートルである必要があります。このような構造は現代の最先端の加工技術をもってすれば、十分作ることができます。電子やイオンのビームを用いた加工手段でナノメートルサイズの人工構造を作り、可視光の手前の赤外光くらいまでは負屈折率メタマテリアルができた、という報告があります。しかし可視光の領域に入った途端に、新たな、しかも本質的な問題が立ちはだかります。それは損失です。

8・2　メタマテリアルの苦悩

媒質に損失があると光が通りにくくなります。損失の原因となるのは、ここでは主に金属の電気抵抗です。電池に銅線をつなぐと電流が流れます。電池の電圧と銅線を流れる電流の関係に、電気抵抗が出てきます。電池と銅線の場合は直流の電気抵抗です。一方で可視光領域のメタマテリアルの電気抵抗は、交流の、しかも極めて高い周波数での電気抵抗です。

マイクロ波などの低い周波数に対しては、金属の交流電気抵抗はほとんどゼロとみなせます。このような状態を完全導体と呼びます。一方、周波数が上昇して可視光に近づくと、金属の交流電気抵抗が無視できなくなってきます。電気抵抗が無視できなくなると、電磁波で誘導される電流が電気抵抗で熱に変化してしまいます。つまり電気抵抗により電磁波が損失を受けます。それにより電磁波が透過する量が減ります。

少し言い方を変えてみましょう。マイクロ波領域では金属に個性はありません。もし仮に、我々の眼がマイクロ波の電磁波を検出できるならば、その眼にはどのような金属、金でも銀でも銅でも同じ色に見えることでしょう。無個性の金属を用いて作った電気回路のような構造が、マイクロ波領域のメタマテリアルです。それゆえにマイクロ波でのメタマテリアルは、「物質の電気回路化」ともいえます。

可視光の周波数になると金属は個性をもってきます。通常は我々の眼では可視光を検出するため、文字通り金は金色に、銀は銀色に見えるのです。金属が個性をもつことは抵抗を生むこと、すなわち損失が生まれることを意味します。そしてこの損失は、メタマテリアルが本質的に抱えており、未だ解決されていない深い苦悩なのです。

現在世界中の研究者がさまざまなアプローチでこの問題の解決を試みています。たとえば使用する材料を適切に選ぶことによって解決しようとするアプローチがあります。金や銅に比べて銀は可視光での損失が小さいことは確かです。これは複素数である誘電率の虚部が小さいことに対応します。しかしそれでもまだ十分ではないようです。またある人は人工構造のデザインによって解決しようとするでしょう。人間の直観に頼らずに機械学習などを用いて、コンピュータにデザインさせたスプリットリングを用いて、可能な限り小さな損失に抑えようとするかもしれません。さらには、レーザーに使うような増幅媒質を使って損失を埋め合わせようとする、損失補償という考え方もあります。しかしいずれのアプローチも、現時点では未だ有効な解決策を見いだせていません。

そもそも問題が本質的すぎて、解決可能なのかどうかすらいまのところはわかりません。むしろ後の第９章で紹介する完全吸収体のように、損失を逆手にとって積極的に活用する方向を探る方がよいのかもしれません。いずれにせよ、今後数年かけて我々が答えを出していかねばならない、重要な問題であることだけは確かなようです。

8・3　メタマテリアルの未来

負の屈折率の実現に端を発したメタマテリアル研究は、スケーラビリティを指導原理とし、高周波化の道を辿ります。それとともに負屈折率以外の現象である、完全レンズや隠れ蓑や完全吸収体などへと展開してゆきます。これらの詳細は次の第９章で見ていきます。すでに第1章で紹介して、後の第11章でより詳細に説明する、筆者らが行った磁気カイラルメタマテリアルの研究は、この後者の流れの中に位置づけられます。これ以外にもメタマテリアルを使うことで、まだ我々が知ることすらない、新しい現象が実現できると期待されます。

一般的なメタマテリアルは波長程度の厚さが必要と考えられていますが、これを二次元的な平面で実現しようとする研究も、近年では盛んになってきました。これはメタサーフェス（メタ表面）と呼ばれます。三次元に比べて、平面的な二次元構造の方がリソグラフィなどで作製することが容易です。特に可視光の周波数で機能させるメタマテリアルは、数十ナノメートルの人工構造を作り込まないといけないので、なおさらです。このようなメタサーフェスを用いれば、二次元平面の構造にも関わらずレンズのような働きをする光学素子が実現できると提案されています。メタサーフェスは、メタマテリアルを可視光の分野で応用するために、今後欠かせない方向性のひとつになるでしょう。

さらに最近のメタマテリアル研究では、可視光やマイクロ波などの光に限らず、ほかの波動現象へも展開されています。光のような横波だけでなく、縦波の音波や弾性波に対するメタマテリアルも報告されています。第9章で述べる音波の逆ドップラーシフトや、音波が一方向しか通過しない音波ダイオードなども実現しています。逆ドップラーシフトは、ヴェセラゴの論文で予言されていながら、光では未だ観測できていない現象ですので、メタマテリアルとしては大きな一歩です。

また、物体の機械的な振動（弾性）にもメタマテリアルは適用されはじめています。たとえば図8・2は弾性体メタマテリアルの一例です。オランダのグループは緻密な計算をもとに、一方向から力を加えるとスマイルマークを表示するようにメタマテリアルを設計して実現しています。ほかにも弾性波を地球のスケールまで大きくした地震波などに対するメタマテリアルも提案されています。地震波の研究では、隠れ蓑の技術を応用することで地震の波を回避させたり、あるいは減衰させることが考えられます。また熱伝導は、拡散と呼ばれる現象であって波動ですらないのですが、メタマテリアルの考え方を応用して特定の方向に熱を逃がすなどの工夫がなさ

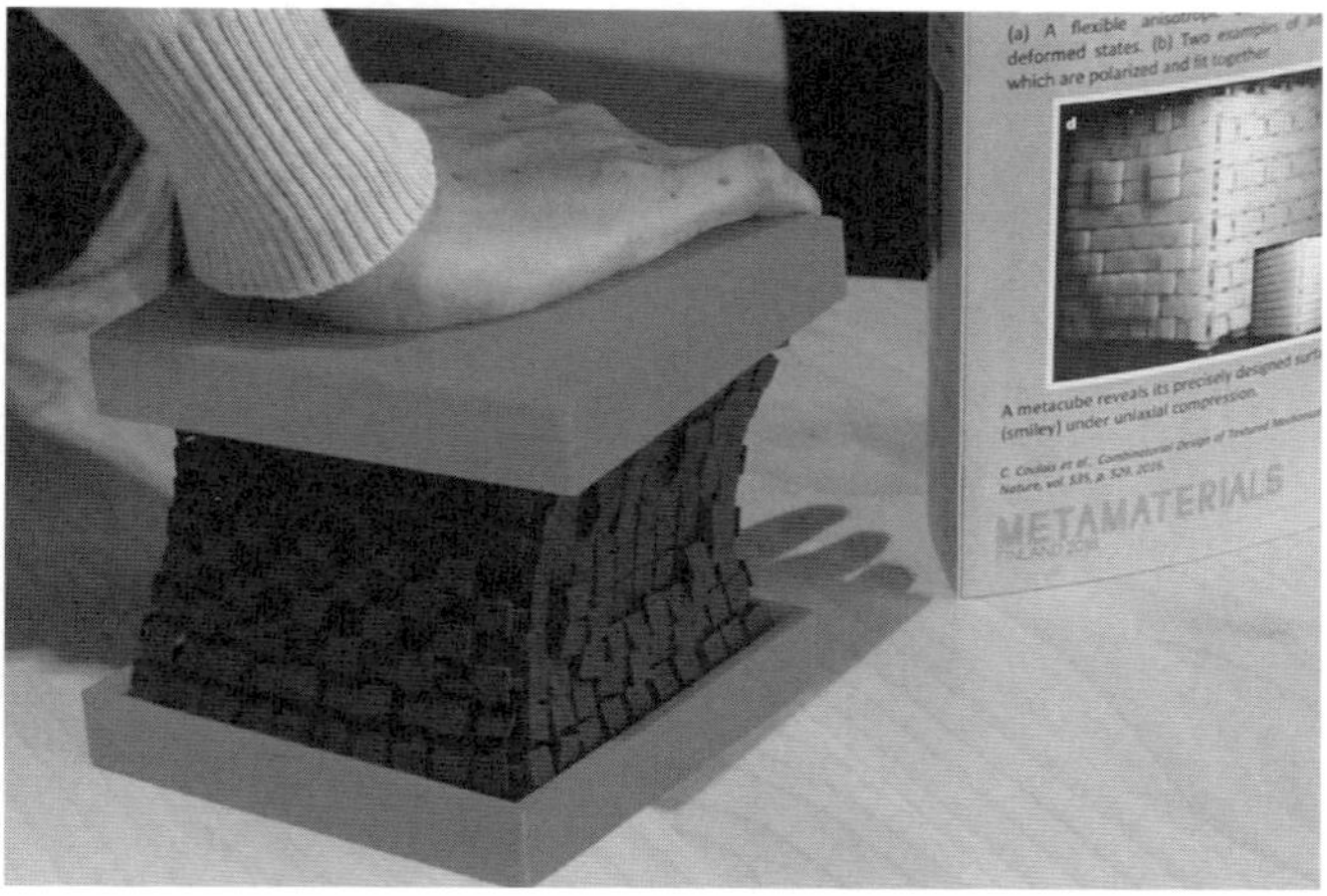

図 8.2　オランダのグループによりスマイルマークを表示（右側面）するように設計された弾性体メタマテリアル。国際会議 Metamaterials' 2018 のエキシビジョンで京都大学 中西俊博氏撮影。

れます。これらは従来のメタマテリアルの範疇に入らない、しかしメタマテリアルの展開として大変重要な研究だと考えられます。これもまた、後の第10章で詳しく述べるアナロジーの一種です。異なるものどうしに類似性を見出して、時には論理を大きく飛躍させることで、別の分野へ応用しているわけです。

このようにメタマテリアル研究は、負の屈折率という机上の空論に思われた内容が、次章で詳しく述べる完全レンズの考え方により応用と結び付けられます。さらに隠れ蓑に代表されるように光を自由自在に操るという考え方にまで昇華されただけでなく、電磁波の現象から派生して、一見するとまったく関係ないはずの弾性波や熱伝導などの研究にまで広がっています。ここに分野横断的な研究の鍵が見て取れます。極めて特殊な状況で実現できる現象というのは、ただそれを解明していくだけではほかの分野への波及効果は薄いです。しかし負の屈折率のように、ひとつ上の階層（メタレベル）で新しいコンセプトとして成立するものであれば、いかに特殊な状況に見えてもそこから一般性を見出すことができます。その結果として思ってもみなかった方向へ影響し、拡がっていく可能性があるということです。メタマテリアルの研究者は、メタマテリアルという考え方をさまざまな分野へ応用していくとともに、新しいコンセプトをつねに模索し続けています。そういう研究はとても刺激的でワクワクします。次の第９章では、メタマテリアルで実際どのようなコンセプトが打ち出されているか、代表的なものを紹介します。

第9章 メタマテリアルで可能になったこと、なりそうなこと

天然の物質では不可能だった現象が、メタマテリアルを使うことで実現できるようになっています。その例をいくつか紹介します。負屈折率、完全レンズ、隠れ蓑、完全吸収体とそのどれもがとても不思議で、とても起こりそうにはなく、まるで四次元ポケットから出てきたもののようですが、それらは現実に存在します。

9・1 負屈折率 ―光が「間違った」方向へ曲がる―

スミスらの負屈折率メタマテリアルの登場により、少なくともマイクロ波領域では負屈折率は存在する、といってもよさそうです。では負屈折率は我々の世界でどのようなことを可能にするでしょうか?

ひとつは、より小さく軽く高性能のレンズができると考えられます。我々の身の回りには通常、正の屈折率の物質しかありません。よって電磁波を集光するために図9・1(a)のような凸《とつ》レンズを作ります。これに対して負の屈折率が実現できれば、電磁波が負に屈折するので、図9・1(b)のような凹《おう》レンズを用いて凸レンズと同じことができます。

「なんだ同じことができるだけか」と思うかもしれません。しかしそうではありません。凹レンズだと、同じ大きさの凸レンズと比較して、収差と呼ばれる像のボケが小さくなると期待されます。これは、よりくっきり像

が見えることを意味します。このような技術は、マイクロ波やミリ波用のレンズに応用できるかもしれません。自動車に搭載する車載レーダを考えてみましょう。自動車にとっては「目」のようなものです。このレーダでレンズを使用する場合、像がボケているよりも、くっきりと見える方が安全ですね。

次に屈折率が負になることで、波数ベクトルとエネルギーの進む向きが逆転しました。これをアンテナ研究の世界では、後退波（バックワード波）と呼びます。再び車載レーダを考えてみます。車載レーダは、ある一点だけをじっと見ているだけでは危険です。全然違うところから突然、人や車が飛び出してくるかもしれません。このような危険を回避するためには、人間の目と同じようにレーダもキョロキョロしていなければいけません。人間も交差点では左右をよく見てから横断歩道を渡るのと同じです。キョロキョロすることは、専門的にはレーダのビームを走査するといいます。空港の管制塔でレーダがくるくる回っている、あれのことです。ただし車の上でレーダがくるくる回っていると、高速で走るときには空気抵抗が大きく、不便かもし

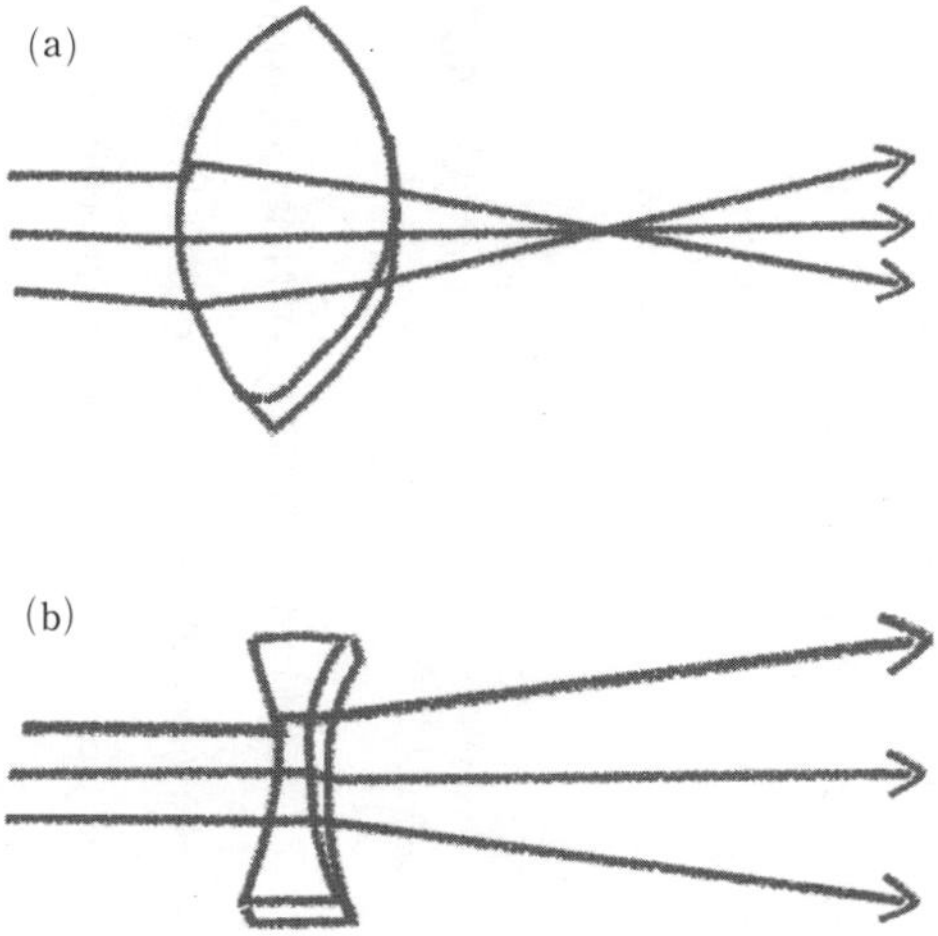

図 9.1　(a)凸レンズと(b)凹レンズ。

れません。またくるくる回る部分が機械的に弱く，故障の原因になることは想像にかたくありません。機械的にくるくる回さずに，電気的にビーム走査ができた方がよさそうです。そこでメタマテリアルを使ったアンテナでの後退波をうまく使うことで，これまで以上に広い範囲でビームを電気的に走査できるレーダを作れるかもしれません。

波数ベクトルとエネルギーの進む向きが逆転することからは，ドップラー効果が逆転すること（逆ドップラーシフト）が予言されています。我々に馴染みのあるドップラー効果は，縦波である音波のそれでしょう。救急車が近づいてきたときのことを思い出してみてください。近づいてくる際にはサイレンの音が高く聞こえ，その後，遠ざかる際には音が低く聞こえます。通常の世界では，救急車のサイレンのような波源が遠ざかる場合は，波の周波数が下がります。音波の周波数が下がると我々には低い音として聞こえます。このようなドップラー効果による周波数の変化をドップラーシフトと呼びます。

縦波と横波の違いこそあれ光も波動現象なので，音波と同じことが起こります。たとえば宇宙空間で地球から遠ざかる銀河団や恒星からの光は，ドップラー効果で低周波に変化して見えます。低周波は長波長，すなわち可視光領域では赤色の光に対応するので，これを赤方偏移と呼びます。ちなみに天文学では赤方偏移を調べることで，太陽系と恒星の相対速度が明らかになります。これらのことは我々の宇宙の成り立ちを理解するための大切な実験事実です。

これら通常の正の屈折率の世界での赤方偏移とは対照的に，負屈折率メタマテリアルの世界ではいわば「青方偏移」を起こすと予想されます。負の屈折率により光の波数ベクトルとエネルギーの向きが逆転します。つまり遠ざかる光源を観測した場合，負屈折率の世界では光の波は高周波に変化して見えます。高周波は短波長，すなわち可視光領域では青色に対応しますので，青方偏移といえます。しかしながら現時点では，負の屈折率に起因する光の逆ドップラーシフトは、未だ実験的に実証されていません。もし光の逆ドップラーシフトが実現できたら、いったいどんなことが可能になるでしょう。そう考えてみるのは、とても楽しいことです。

９・２　完全レンズ　―原子が見えるかもしれない―

光を使ってできるだけ小さいものを見ようとするときには、光を集めて小さい領域まで絞る必要があります。そのときにどのくらい小さい領域にまで絞れるかというと、通常は波長程度までしか集光できません。これは前章のリソグラフィの説明で述べたように回折限界と呼ばれます。より正確には回折限界は、波長程度に離れた二つの点を、その光を使って識別できないことを意味しています。これは可視光（波長数百ナノメートル）を使った光学顕微鏡では、細胞などせいぜいマイクロメートルレベルのものしか見えないという、我々の体験からも経験的に理解できます。マイクロメートル以下の大きさの、たとえばウイルスやＤＮＡなどは、光学顕微鏡では観察できません。よって新聞やテレビのニュースではインフルエンザウイルスの姿は、可視光よりも波長がずっと短い電子ビームを使った電子顕微鏡の写真で紹介されます。さきほどリソグラフィの話で光ではなく、波長が短い電子のビームを使ったのも同じ理由でした。

ところが、負屈折率メタマテリアルがスミスらによって実証されたちょうどそのころに、この常識を覆す理論がペンドリーによって提案されます。それは負の屈折率をもつ平板を使えば、回折限界を突破できる「完全レンズ」が実現できるというものです。光を使って何かを見るということは、その何かからの反射してくる光を見ているという話は、第５章でお風呂のお湯の中で曲がる腕の話で出てきました。このとき、ものに反射して我々の眼に飛び込んでくる光は伝搬光と呼びます。

実は、光にはもう一種類あります。その光は遠くへ伝搬せず、ものにまとわりついています。この光をエヴァネッセント光（近接場光）といいます。ものがもつ波長以下の構造の情報は、このエヴァネッセント光に含まれているのです。しかしエヴァネッセント光は物体にまとわりついているので、通常の光学素子、たとえば普通のガラスレンズでは遠くに運べません。よって物体から遠く離れた我々の眼に飛び込んでくることがありません。ところが負屈折率メタマテリアルは伝搬光だけでなく、エヴァネッセント光も運び集光することができ、波長以下の構造も見ることができるというのです。これを「完全レンズ」と呼びます。もしかしたら可視光を使って原子が見えるかもしれません。先に紹介したようにヴェセラゴも負の屈折率をもつ物質が存在すると、その物質の平板を作っただけでレンズのように働き、電磁波が集光できるだろうとは予言しました。しかし彼は伝搬光のみを議論して、エヴァネッセント光までは議論していません。

このような完全レンズのアイディアは応用の観点からとても魅力的です。光学顕微鏡でウイルスや、もしかしたら原子や分子まで見えるとしたら、それはものすごいことです。さらにこのようなレンズを用いた光リソグラフィでは、加工サイズの限界が著しく小さくなることが期待されます。第8章で述べたような集積回路やナノメートルサイズのメタマテリアルの作製にも用いられている光リソグラフィではすでに、露光に可視光より波長の短いX線、集光の分解能を上げるための液浸レンズ、光の位相変化と干渉を用いた位相シフトマスクなどさまざまな技術革新があります。それら技術革新は目覚ましいものですが、しかしたった一枚のレンズを使うだけで回折限界を楽々と突破できれば、それに越したことはありません。また完全レンズはＤＶＤなどの光ディスクにも使えます。青色レーザーを用いたブルーレイディスクでは、回折限界が小さい、短い波長の青色の光を用いて、ちょうど尖った鉛筆で文字を書くかのように、小さい面積に大量の情報を書き込みます。ブルーレイの場合は波長を短くするという戦略でした。もし可視光での完全レンズが実現したならば別の戦略が可能になります。完全レンズを用いれば可視光の回折限界を越えて、より小さな領域に大量の情報を書き込むことができ、DVDの大容量化につながると期待されます。

では光の領域で完全レンズが実現され、可視光を用いて原子が見えるような顕微鏡ができたのでしょうか？残念ながら、話はそう簡単ではありません。実は完全レンズが「完全」であるためには、損失がゼロである必要があるのです。第8章で、現在の可視光領域のメタマテリアルの最大の問題が損失であることは述べました。この損失が完全レンズの場合も、やはり大きな問題なのです。損失があると「不完全」レンズになります。不完全レンズでは、原子は見えません。やはり損失は真剣に考えなければならない重要な問題です。

ペンドリーの論文が出た直後の二〇〇四年に、カナダのグループは負の屈折率をもつメタマテリアルを使うと、マイクロ波領域で回折限界を打ち破るレンズができることを実験的に実証しています。図9・2はその伝送線路メタマテリアルの写真です。これはスミスらの負屈折メタマテリアルとは見た目がずいぶん異なり、電気回路の

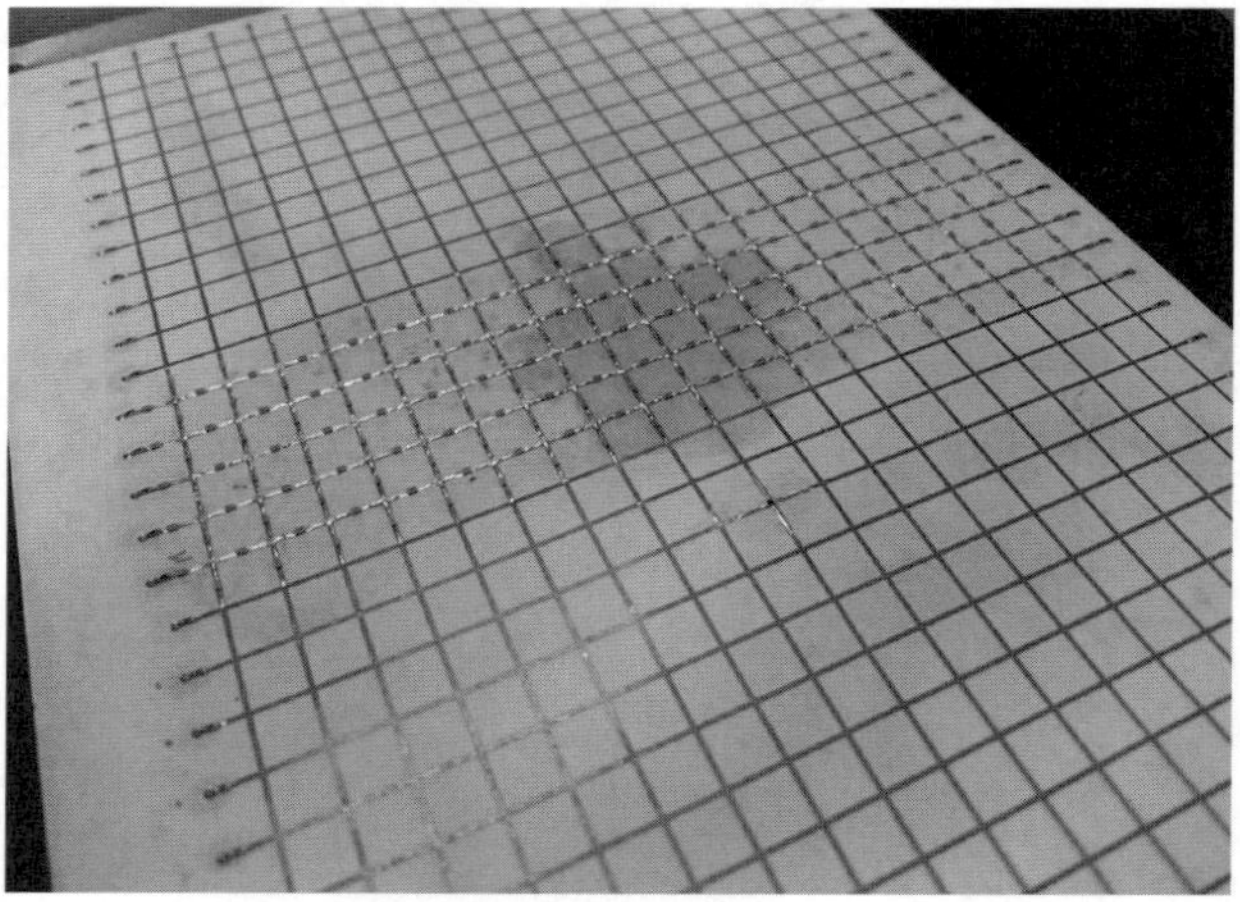

図9.2　カナダのグループにより実現された、マイクロ波領域で回折限界を打ち破るレンズを実現する伝送線路メタマテリアル。国際会議 Meta-materials' 2018 のエキシビジョンで京都大学 中西俊博氏撮影。

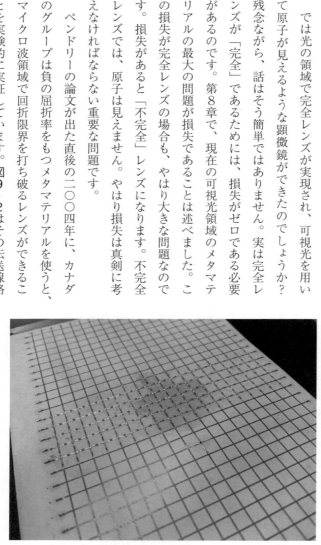

ようです。しかしやはりマイクロ波に対する屈折率が手前から正、負、正に変化しています。ただここでも損失が小さいながらもあるため、分解能が存在し完全とはいえません。光の領域では、完全レンズの簡易版といえる「スーパーレンズ」と呼ばれるものが提案され、銀の薄い膜を用いて実証されています。負の誘電率をもつスーパーレンズでは、金属の中でプラズマのように振る舞う電子と光が混ぜこぜになった状況（表面プラズモンポラリトン）を使って、エヴァネッセント光を運びます。しかし、やはりこれも完全ではありません。現実の実験で、より完全なレンズをどのように実現するか、新しいアイディアが求められています。

9・3 不可視化クローク —モノを見えなくする「隠れ蓑」—

『ドラえもん』には、被ると透明になる「透明マント」が出てきます。同様のものは『ハリー・ポッター』にも登場します。さらに日本には古来『天狗の隠れ蓑』という昔話が伝わります。これらはすべて、被った人が周りから見えなくなる道具です。どうやらこれらの原理は、もはや古典ともいえるウェルズの『透明人間』で説明されているように、屈折率を空気と等しくして透明にするようです。これは油の中にガラスを沈めると、屈折率とインピーダンスが整合して見えなくなるのと同じです。しかしよく考えると、筋肉や骨があり血液が流れている人間の身体の屈折率を、空気と同じ1とするのはひかえめにいっても少々骨が折れそうです。

一方、SFの世界には別のやり方の透明人間が出てきます。『ファンタスティック・フォー』というアメリカ映画には、自分の周りの空間を曲げることで姿を見えなくする透明人間が出てきます。この透明人間の原理を、メタマテリアルを用いて実装してやれば、物体を見えなくすること（透明化、不可視化）ができます。この隠れ蓑のようなメタマテリアルは、不可視化クロークと呼ばれます。ホテルやレストランに行くとコートなどの上着を預ける場所があり、クロークと呼ばれます。クロークとは外套《がいとう》のことです。転じて「外套で覆い隠す」という意味で使っています。この不可視化クロークを物体に被せることで、まるで外套で覆い隠すように物体を見えなくすることができます。ただし現時点で実証されているのは、我々の眼に見える可視光領域ではなく、あくまでもマイクロ波に対してのみですが。

この原理を理解するために、一度宇宙へ行ってみましょう。**図９・３**（ａ）を見てください。アインシュタインの一般相対性理論によると、恒星やブラックホールなど質量の大きな天体の周りの空間は歪《ひず》みます。空間の歪みは光の進み方に影響を与えます。質量が大きな天体の周りで光の軌道は曲げられます。よって質量が大きな天体の向こう側にある、別の星からの光は曲げられ、本当の位置とは異なるところに見えます。これが重力レンズ効果です。この効果があると、ある星からさまざまな方向に放射された光が、非常に重い天体によって曲げられ、ちょうどその天体を迂回するような経路になるために、我々の目には何箇所もの光として見えることがあり

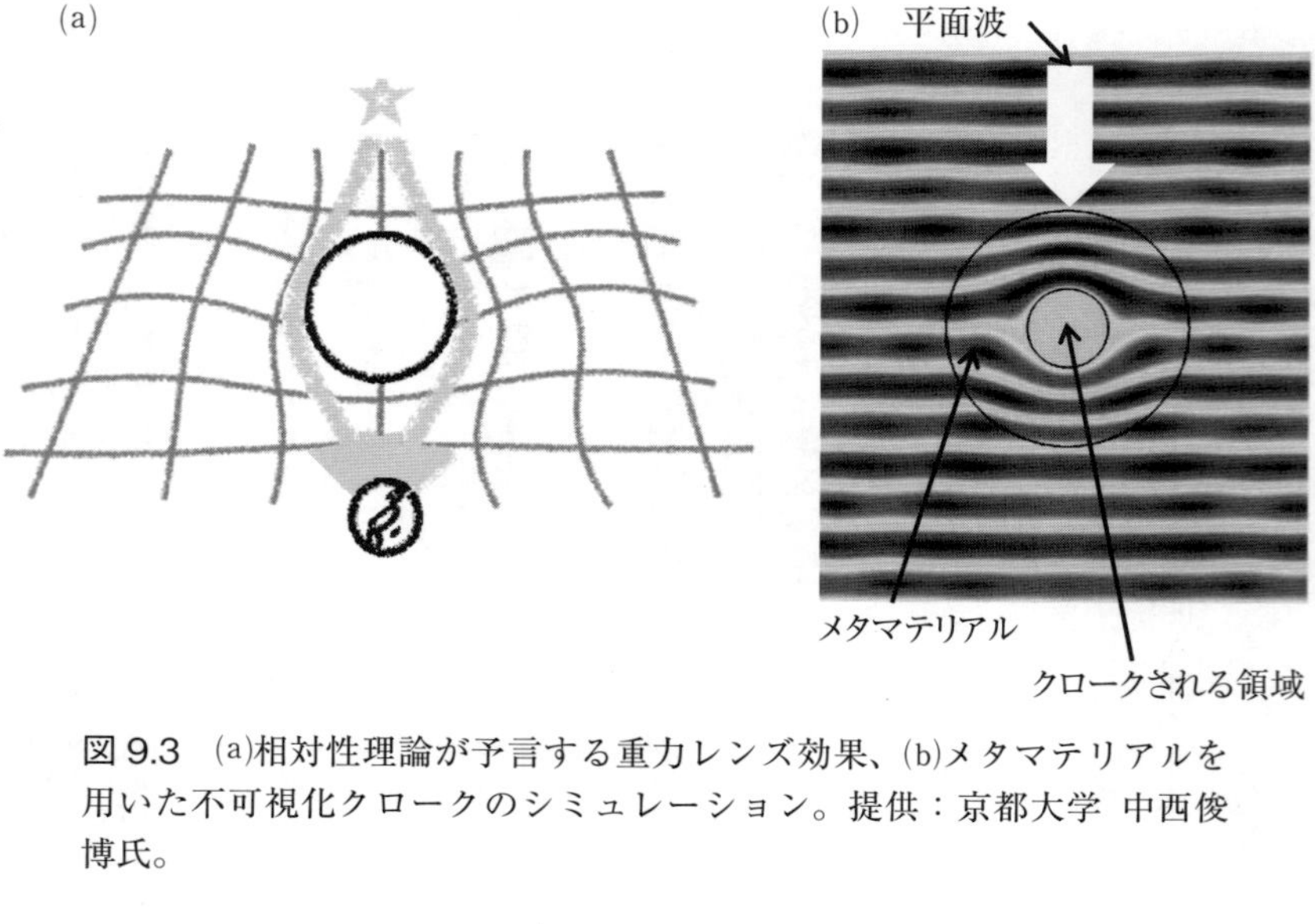

図 9.3　(a)相対性理論が予言する重力レンズ効果、(b)メタマテリアルを用いた不可視化クロークのシミュレーション。提供：京都大学 中西俊博氏。

ます。この重力レンズと同様のメカニズムを、メタマテリアルで実装したものが不可視化クロークです。光が物体を迂回するという意味では、重力レンズのミニチュアといえるかもしれません。

このような不可視化クロークのアイディアを、二〇〇六年にレオンハルト(Ulf Leonhardt)とペンドリーは別々に、しかし同時に提案します。「同時」というのは決して比喩ではなく、二〇〇六年のサイエンス誌六月二三日号には二人の論文が前後して載っています。彼らの考えはこうです。光は媒質中の最短距離を進もうとします。これは光の伝搬を軌跡として記述する幾何光学(短波長近似による光線光学)では、フェルマーの原理と呼ばれます。数学者としても有名なフェルマー(Pierre de Fermat, 一六〇七~一六六五年)の名がついた考え方です。同じ屈折率をもつ物質の場合、その経路は直線になります。これを逆手にとり対象物の周囲の媒質の、屈折率の空間分布を精密に制御することで、光を対象物に触れないように自在に曲げることができるのではないか、と考えました。それにより本来見えないはずの対象物の向こう側が見えるようになるので、対象物は不可視化されます。さらに巧妙なことに、重力レンズのような一般座標変換を用いることで、図9・3(b)にあるように、波動光学での位相も含めて透明にすることができます。このような手法をペンドリーは変換光学と呼び、その処方箋を示しました。

デューク大学に移っていたスミスらは三ヶ月後、実験結果の論文をペンドリーと共同で発表します。彼らはリング共振器を並べて、図9・4のようなバウムクーヘン状の構造を作ります。ただしリング共振器の構造を、バウムクーヘンの半径方向に微妙に変化させます。これにより半径方向の透磁率(屈折率)を精密に制御します。そのバウムクーヘンの中心に物体、ここではリンゴとしましょう、を入れます。そしてある方向に偏光したマイクロ波をバウムクーヘンの向こう側から照射します。するとどうなったでしょう? バウムクーヘンの中心付近は屈折率が小さく、外側になるにしたがって徐々に屈折率が大きくなるようにデザインされています。屈折率の大きさは光の遅さに対応します。つまり光は、中心近くは素早くスルっと通り抜けますが、外側はゆっくり進みます。その結果として、光自身は真っ直ぐ最短距離を進んでいるつもりなのですが、曲がってしまいます。処方箋通りマイクロ波は、透磁率の変化に伴う屈折率の変化に導かれるように、物体を通り抜けるのです。まるで川の真ん中にある岩を、川の水がすり抜けるように。そしてマイクロ波はバウムクーヘンの中心にあるリンゴに反射されたり、散乱されることなく、バウムクーヘンの手前に到達します。つまりバウムクーヘンの手前に居る人にリンゴは見えないのです。

このようなクロークは、建物による電波障害を防ぐことに役立つかもしれません。またSFのモチーフとして昔から登場する透明人間や光学迷彩が実現できそうです。ただし注意してほしいことは、このメタマテリアルクロークで実現した透明人間は、ある周波数のある偏光の光に対して透明なだけで、ほかの周波数や偏光では丸見えです。さらにこの透明人間は、少しの距離を歩くだけでも大変そうです。なぜでしょう？クロークに包まれた透明人間には、外から光が届かないので外が見えないからです。ちょっと残念ですね。

図 9.4　マイクロ波メタマテリアルクローク。国際会議 Metamaterials' 2018 のエキシビジョンで京都大学 中西俊博氏撮影。

9・4 完全吸収体 ―黒よりも黒く―

空気中を熱が伝わる現象は、可視光よりも少し波長の長い（周波数の低い）赤外線と呼ばれる光が担っています。よってメタマテリアルは熱に関しても何かおもしろいことができそうです。実際、赤外線を完全に吸収するメタマテリアルが実現されています。一般に「完全吸収体」と呼ばれます。可視光にとっての完全吸収体は、我々の眼に黒く見えるので「黒体」と呼ばれます。つまり完全吸収体を実現するには、その波長で「真っ黒な」物質を作ればよさそうです。では、完全吸収体ができれば何がおもしろいでしょうか。そして、そこにメタマテリアルはどう関わってくるのでしょう？

熱に関する物理学の分野に熱力学があります。熱力学的に平衡《へいこう》な物体、つまり熱の出入りが釣り合っている物体からは、光が飛び出してきます。これを放射もしくは輻射《ふくしゃ》と呼びます。どのような波長の光が輻射されるかは、その物体の温度で決まります。温度が高ければ、輻射される光の波長が短くなります。ちなみに宇宙はものすごく冷たい（絶対温度で三度、マイナス二七〇度）ので、宇宙に満たされている光は、波長の長い（周波数の低い）マイクロ波です。これを宇宙マイクロ波背景輻射といいます。米国のペンジアス（Arno A. Penzias）とウィルソン（Robert W. Wilson）は、この宇宙マイクロ波背景輻射の発見で一九七八年にノーベル物理学賞を受賞しています。また、宇宙マイクロ波背景輻射には宇宙を観測する方向によって強弱（ゆらぎ）があることが観測され、ビッグバン理論を支持する観測と考えられています。米国のマザー（John C. Mather）とスムート（George F. Smoot III）は、この観測で二〇〇六年にノーベル物理学賞を受賞しています。

さて物体からどれくらいの量の光が出てくるかは、どれくらい光が吸収されるかによって決まることが知られています。これはキルヒホッフの熱輻射の法則（Gustav R. Kirchhoff, 一八二四～一八八七年）と呼ばれます。

ある周波数の光にとって、より吸収が大きい物質、つまりより黒い物質ほど、熱した際に強く光を輻射するのです。これを理想化したものが黒体です。そこからの輻射は黒体輻射と呼ばれます。黒体輻射では、出てくる光の色（つまり最も強い光の波長）は温度だけで決まります。これは二〇世紀の科学における最大の発見のひとつである量子力学が生まれるきっかけとなったプランクの輻射公式（Max K. E. L. Planck, 一八五八～一九四七年）、そして「振動子のエネルギーはとびとびに変化する」という量子仮説でも有名です。いま大事なことは、ある黒体からどんな周波数の光がどれくらい出てくるかという黒体輻射スペクトルが、その黒体の温度のみで決まるということです。そして黒体からは通常、かなり広い周波数範囲にわたって輻射があります。つまりスペクトルが広いということです。これは、応用を考えると不便な場合もあります。

ガスセンサーを考えてみましょう。家の台所のガスレンジをひねれば出てくる都市ガスなど、多くの可燃性ガスの分子はある周波数の赤外線を吸収します。よってその周波数の赤外線の吸収を測定できれば可燃性ガスがどれくらいあるか明らかになり、ガス漏れを検知できるはずです。つまりこのようなガスセンサーには、特定の周波数の赤外線だけが必要です。それにも関わらず通常は、黒体をヒーターなどで熱して広い周波数範囲の赤外線を出しておき、そこからセンサーに必要な周波数をフィルターなどで切り出して使います。つまり引き算です。これは明らかに無駄が多い、効率の悪い方法といわざるをえないでしょう。ヒーターを熱するには、バッテリーなり乾電池なりの電源が必要です。その投入している電力のほとんどは捨てていることになるのですから。

そこでメタマテリアルが役に立ちます。ある周波数のみを吸収するような完全吸収体をメタマテリアルを使って作ります。すると、その周波数の赤外線だけを輻射する光源の実現が可能になるのです。異なるメタマテリアルを組み合わせることで、つまり足し算の要領で、必要な周波数の光だけを輻射する光源を作ることが可能になります。

では具体的にどうすればよいでしょう。そのために、完全吸収体がどうして通常は存在しないかを見ておきます。電磁波が物質を透過する率（透過率）、物質に吸収される率（吸収率）、反射される率（反射率）はすべて非負の値をとり、この三つの和は1という関係が成り立ちます。これはエネルギー保存則から要請されます。ここで、完全吸収とは吸収率が1のことです。そのためには透過率と反射率の両方がゼロの必要があるとわかります。透過率ゼロは比較的容易に実現できます。可視光の場合は、金属の板を置いてやればよいでしょう。では反射率ゼロはどうか。実はこれがなかなか難しいのです。その理由には、第5章で紹介した、物質の誘電率と透磁率によって決まる波動インピーダンスという量が関係します。屈折率は誘電率と透磁率のそれぞれの平方根の掛け算でした。波動インピーダンスはこれとよく似ており、誘電率と透磁率の平方根の比で表されます。二つの物質の波動インピーダンスが一致するときには、その間で電磁波の反射がゼロになります。

これまで私たち人類は天然の物質で、ある特定の周波数においては誘電率か透磁率のどちらかしか操作できませんでした。よって、その周波数で二つの物質の波動インピーダンスを一致させること（インピーダンス整合）は極めて困難でした。唯一可能なのは、屈折率が同じ場合、つまり屈折率整合もとれている場合です。しかしこれではもう二つの物質とはいえず、光から見ると同じ物質です。それでは吸収体としては意味がありません。なおインピーダンス整合と聞くと、「電気回路で出てきたな」と思い出す方もいらっしゃるかもしれません。まさにそれと同じで、屈折率が異なる物質の間では通常、インピーダンス整合がとれないのです。

ところがメタマテリアルを用いると自由度が格段に上がり、状況が劇的に変わります。つまり我々は誘電率と透磁率を独立に操作する手段を手に入れます。透磁率と誘電率をうまく操作することで、物質の屈折率は異なるにも関わらず、波動インピーダンスが一致するという状況を作り出せます。具体的には、誘電率が大きいなら、そのぶん透磁率も大きくしてやると、誘電率と透磁率の比は変わりません。するとインピーダンスは変わりません。そしてそのとき初めて、屈折率が異なる二つの物質にも関わらず、反射率ゼロが達成されるのです。

米国のボストンカレッジ（当時）のパディラらは、二〇〇八年にスプリットリング共振器の考え方を応用して、**図9・5**（a）に示すギガヘルツ帯のマイクロ波に対するメタマテリアル完全吸収体を実現します。その後、より高周波のテラヘルツ領域で、そして二〇一一年には赤外線の領域で、電気共振器と金属板を用いて誘電率と透磁率を精密に制御することに成功します。その結果、真空がもつインピーダンスに極めて近い波動インピーダンスをもつメタマテリアルを実現します。その吸収率は、波長5.8マイクロメートルの赤外線に対して0・97でした。ほとんど「真っ黒」といってもよいでしょう。そして、三〇〇度に熱した時の赤外線の輻射率は0・98でした。しかもその輻射スペクトルは極めて狭く、これ以外の波長での輻射率はほぼゼロでした。

このような完全吸収体メタマテリアルは、従来の吸収体に比べると大変薄いのが特徴です。吸収を大きくするには通常は厚くしなければなりません。にも関わらず、大変薄いメタマテリアルで、非常に大きな吸収が実現できています。考え

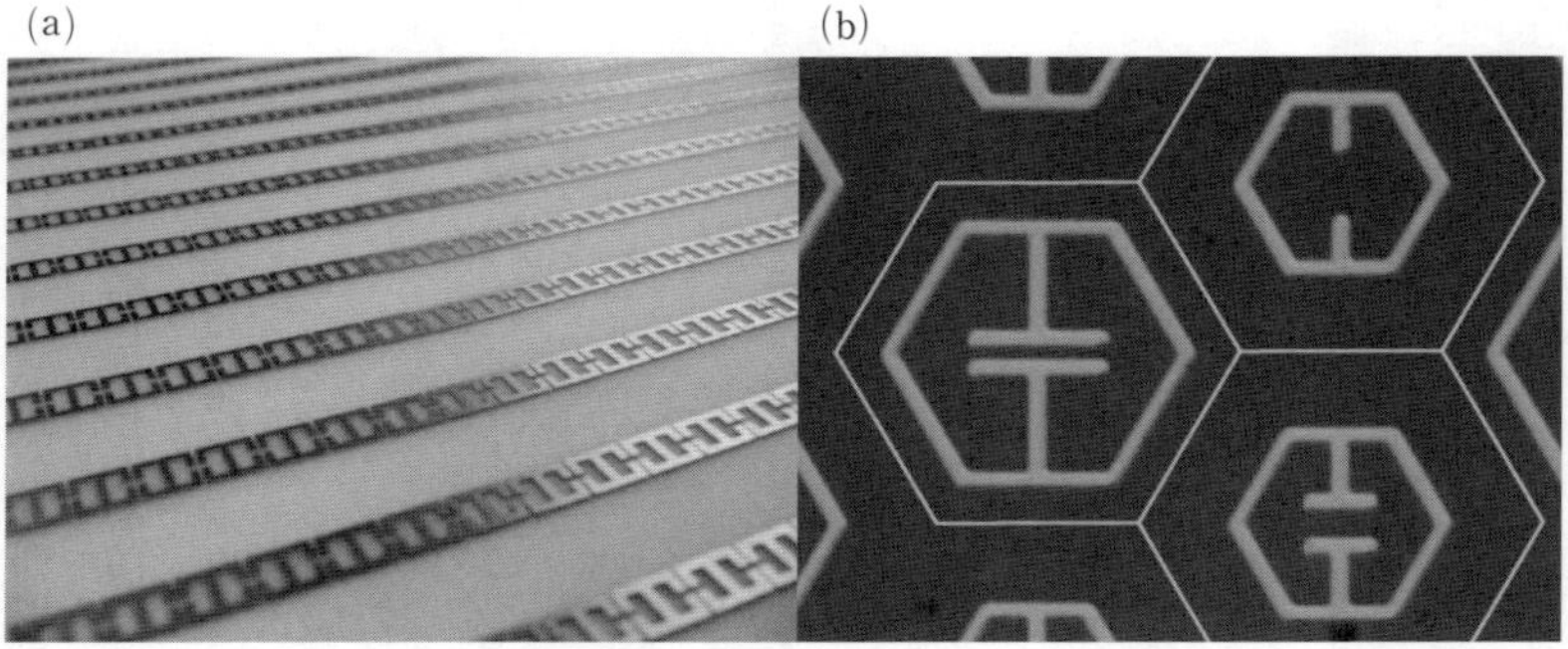

図9.5　(a)：GHz帯完全吸収体メタマテリアル、*Phys. Rev. Lett.*, **100**, 207402 (2008)。(b)：複数デザインを組み合わせたTHz帯平面メタマテリアル、*Optics Express*, **16**, 18565 (2008)。ともに提供：米国デューク大学 ウィリィ・パディラ氏。

方としては、メタサーフェスに近いといえます。これは前述の赤外線を用いたガスセンサーなどに応用できます。また図9・5（b）のように、複数の異なるサイズやデザインの平面メタ原子を組み合わせることで、任意のスペクトルの形に対応できます。つまりたとえば赤外線や可視光領域で太陽の輻射スペクトルに合わせた完全吸収体を作ることが可能になり、太陽電池などの性能を向上させると期待されます。また、これまでの吸収体では化学的に組成を変化させて実現してきたことが、メタマテリアル吸収体では構造を変化させることで達成できます。このような研究は、希少な元素を極力使わない、新しい物質科学の方向性を示していると考えられます。

コラム９・１

2018 年：ヴェセラゴ論文から 50 周年

2018 年は、ヴェセラゴによる負の屈折率の英訳論文の出版から 50 周年の記念すべき年でした。この年の８月にフィンランドで開催されたメタマテリアル国際会議（Metamaterials' 2018）では、このことを記念して特別シンポジウムが開催されました。パイオニアの１人であるデューク大学のスミスが、ヴェセラゴ論文から始まったメタマテリアルの歴史を簡潔に、ユーモアを交えて紹介しました。その後もスミスの司会で、ペンドリーなどマイルストーン的な仕事を行った研究者が登壇し、当時の背景や裏話などをこれまたフランクに、ユーモアを交えて紹介するという、なんともおもしろい、そして贅沢な時間が過ぎてゆきました。

いくつか紹介すると、スミスらの負屈折率の論文は当初、論文誌で掲載不可とされたそうです。その後、過去の論文のデータベースを調べて、実はヴェセラゴが 1968 年に負屈折率を予言していた事実を突き止め、それを論文に記載し再投稿すると、2000 年に出版が認められたということでした。さらにペンドリーの完全レンズのアイディアは、学科長で大変忙しかった時期の、ある週末にふと思いついたそうです。さっそく論文にして（先のスミスらの論文が掲載されたのと同じ）論文誌に投稿したのですが、そこで査読者から「物理的にありえないし数学的にも深刻な間違いがあるようだから、こんなことはやらない方がよい」との完全否定のコメントが返ってきたようです。結果的には主張が認められ、この論文も同じく 2000 年に出版されました。その４年後に、カナダのグループが回折限界を超えるレンズをマイクロ波メタマテリアルで実現し、ペンドリーは胸をなで下ろしたそうです。どの世界でも新しいことを始めるには、摩擦はつきものなのでしょう。

第10章 アナロジー

小学校から中学校、高等学校へと勉強を進めていくと、科目が細分化されていきます。理科の場合は物理・化学・生物・地学などと分野ごとの名前がつくようになり、さらに大学ではもっと細かく分かれていきます。研究の最先端では、非常に細分化された中でのテーマを研究することになるわけで、特定の分野を深く理解していくことが重要なのは当然です。しかしそれと同時に、視野を広げてさまざまな分野の考え方を取り入れることも大事です。本章では、物事の理解を深めるための有効な手段のひとつである、アナロジーについて解説します。

10・1 アナロジーは異なる分野の橋渡し

アナロジーは英語ではanalogyと書きます。ギリシア語のアナ（従う）とロゴス（言葉）に由来します。日本語では類推、類似性などに対応する言葉です。特に科学の分野では、一見すると異なるものどうしに共通点や類似性を見出して、お互いを補い合うようにして理解を深めていく場合に使われます。わかりやすくいえば、アナロジーはたとえ話のようなものです。あるいは、これまでの経験に基づいた推論というような意味合いもあるかと思います。たとえ話といえば、本書ではこれまでほとんどすべてそうだったわけで、「何をいまさら」という気もしますが、ここではもう少し専門的な内容で考えてみよう、というわけです。

アナロジーとはいっても本当に同じならともかく、所詮は違うものどうしの話であって、わざわざ類推して考える必要なんてないんじゃないか？　と思われるかもしれません。しかし、アナロジーが有効になるのは「一見異なるように思えるものが、ある見方をすれば共通点がみつかる」というような状況です。そもそも最初から同じものであれば何をやっても同じですから、理論的には自明になってしまいおもしろくはありません。物理学者は、一見異なるものから共通点を見出すのが大好きです。多様な物事から共通点を見つけ、その共通点をもとにしてまた違う視点で多彩な現象に目を向ける、という繰り返しで研究が進んでいくこともよくあります。これはある意味では、世界中にある言語や文化にも共通しています。異なる言語どうしでも、お互いに対応する単語や言い回しがあったりしますが、大まかには似ていても意味合いが微妙に異なっている場合があり、その違いが固有の文化を表していたりします。専門的な内容に入る前に、まずは身近な例を通して科学的にアナロジーを考えてみましょう。

10・2　屈折現象を説明してみよう

身近な物理現象の例として、光の屈折を見直してみます。光の屈折とは、光の進む向きが変わる現象です。図10・1のように、空気と水のような二つの物質の境目での屈折を考えてみましょう。空気と水とでは屈折率が違いますから、境界面では光は曲がります。こういって終わってしまってはつまらないので、屈折という現象をもっと多角的に見てみます。どのように光が屈折するかを理解する方法を、これから四つ紹介します。ただし、四つといっても、そもそも同じ現象の説明ですので、それらが本質的に別々ということではありません。一見すると違った考え方のように思えるくらいの意味です。

一つ目は光の速度の違いに着目するものです。光の進む速度は空気と水とでは異なります。空気の屈折率はほぼ1なので、光の速度は真空中とほぼ同じです。一方、水の屈折率は1.3程度で、光の速度は屈折率に反比例するので、水の中での光の速さは空気中よりもゆっくりです。光は波ですから、実際には横方向へ広がっています。イメージとしては、サーカスでの綱渡りのように、左右のバランスをとるための棒を持って歩いているようなものです。重心は自分の身体にあるけれども、棒があって横にも広がっているかんじです。図10・1の空気中の点Pを出発して水に向かって進むと、やがて棒の右側が境界に差しかかり、右側部分の進む速度が遅くなります。しかし、棒の左側はまだ空気中ですから元のままの速度です。そうすると自分の身体の向きとしては、右側に引きずられるように曲がることになります。やがて身体と棒が境界を通過すると、今度は身体も棒も同じ速度で進みますから、全体として真っ直ぐ進むことになり、やがて点Qに至ります。これが一つ目の考え方です。

二つ目はフェルマーの原理です。フェルマーの原理は、

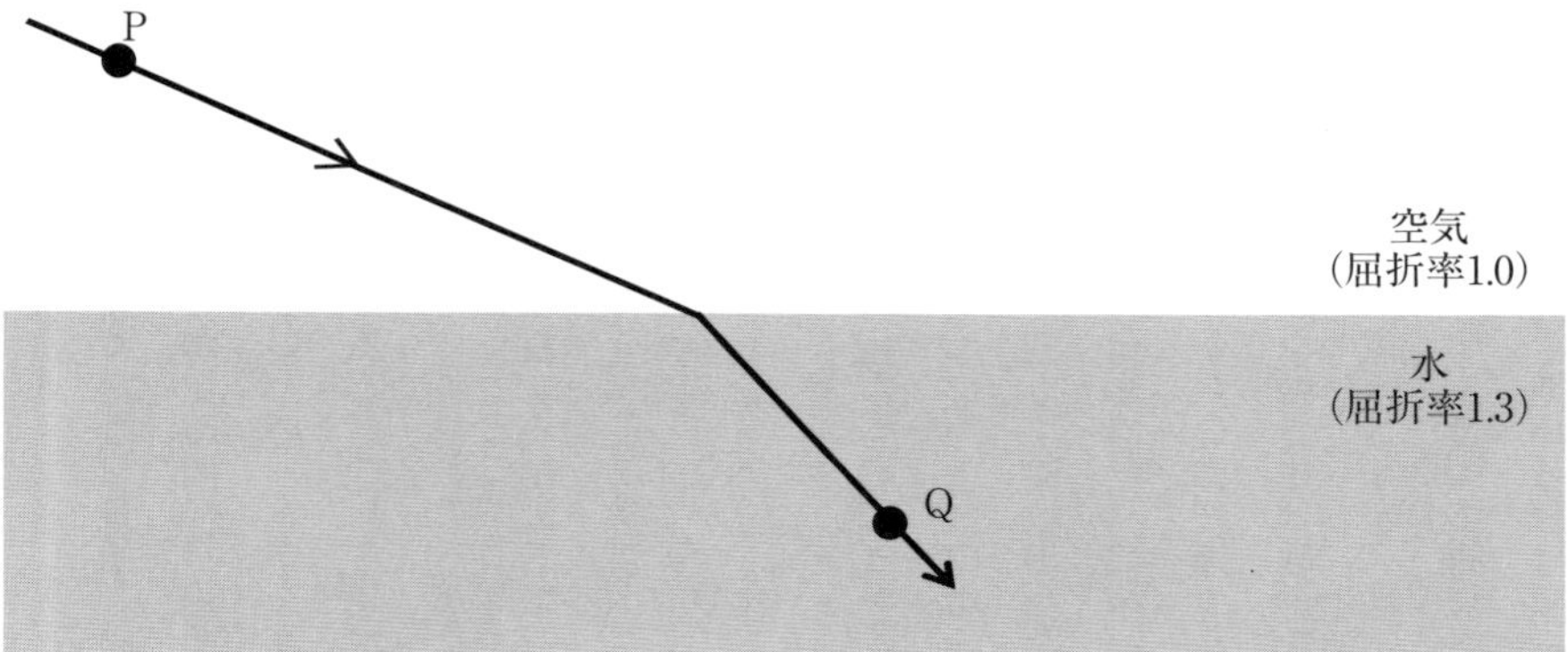

図 10.1 空気と水の界面での屈折。

第9章の隠れ蓑のところで一度登場しました。復習するとその原理は、光の道筋は時間が最短になるような経路が選ばれる、というものです。ここで図10・1の、空気中の点Pから、水の中の点Qに行くために最短の時間になる経路を考えてみましょう。単純に考えると、空気中も水中も曲がらず真っ直ぐ行くのが短時間で済みそうです。しかし、必ずしもそうではありません。光の進む速さは、空気中の方が水中よりも速いため、水中を進むよりは空気中を進んだ方が速くQに着く傾向があります。そうすると、できるだけ空気中で長く過ごして、水中で進むのを短くするように境界面でぐいっと曲がれば、時間としては短縮されるように思えます。ところがこれでは空気中で進む経路があまりに長すぎるため、水中と空気中の速さの違いを補うどころかむしろ損をして、その分だけ時間も長くなってしまいます。そうしたわけで、一直線に進む経路と急角度で曲がるような経路の間に、ちょうどいい折衷案があるはずです。その折衷案が、実際に光が辿る経路となります。このようなアプローチは変分法と呼ばれている手法のひとつで、物理でとても大切な考え方です。

ちなみにこの考え方では、光は波であることをことさら強調する必要はありません。身近なものでイメージするには、海水浴場を思い浮かべるのもおもしろいです。空気と水をそれぞれ砂浜と海に見立てて、ライフセーバーが海で溺れている人に到る経路を光の経路だと考えましょう。ライフセーバーとしては一刻も早く救出したいわけです。すると求めるべきは「ライフセーバーの監視地点Pから、海で溺れてる人の地点Qまで走って泳いで到達するために、時間が最短となる経路」と考えることができます。つまり最小の時間でPからQに到達するには、どの角度で走って、そして泳げばいいだろうか？　という問題の答えが、今議論した経路なのです。砂浜を走る方がスピードは速いから、行けるところまで走り、泳ぐ距離を少なくすればよいようにも思えますが、砂浜を走る距離が長すぎると時間が多くかかってしまうから、最適な経路を選ぶ必要があるわけです。よって折衷案が答えになります。なお現実的には、走るか泳ぐかで体力の消耗も異なるし、必ずしも真っ直ぐ進めるとは限らないので、現場では的確な判断が必要とされます。その場合であってもあらゆる条件を踏まえたうえで、最適な経路を考えることになります。光の屈折現象でも同様で、いまは均一な媒質が二つしかない単純な場合を考えましたが、もっと複雑な場合には、光も曲線を描くように曲がります。

三つ目として、専門的な考え方でやや難しい話になりますが、エネルギーと運動量の保存則で理解することもできます。いま考えている屈折現象では、空気も水も止まったままで、時間が経っても空気も水も変わらないことを想定しています。このように時間が経ったりしても物事が変化しない場合には、エネルギー保存則が成り立ちます。特にこの場合では、光が空気中であっても水中であっても周波数が変化しない、という言葉で言い換えることができます。さらに境界面を見ると、水平な方向にずらしても何も状況は変わりません。このとき水平方向に関しては運動量が保存されます。運動量といっても、この場合は水平方向の波数が保存されることになります。物理でいう保存とは、変わらずに保たれるという意味です。そうしたわけで、いまのような屈折現象を考えているときには、光の周波数と水平方向の波数は空気中でも水の中でも同じです。このことから実際に数式で書いてみることで、屈折の法則を導くことができます。

なお、このように時間を進めたり、場所を水平方向にずらしても状況は同じであるようなことを、それぞれ時間推進対称性がある、並進対称性があるといいます。こうした対称性がある場合に、エネルギーや運動量など保存量が存在するというのは、証明した数学者の名前をとってネーターの定理（Amalie E. Noether，一八八二〜一九三五年）として知られており、科学的に物事を考えるうえでとても大切な事柄のひとつです。

ただ、ここでちょっとした疑問が湧きます。そもそも、時間を進めるだとか水平方向にずらすだとかしても状況が同じだというんだから、同じというからには変わらないものがあるわけで、「だったら保存するというのは当たり前じゃないか」と思われるかもしれません。それはもっともではありません。ただし時間を進めるというのは時間の話をしていて、一方で保存されるのはエネルギーの話ですから、対象がちょっと違っているので注意が必要です。物理的には、時間とエネルギーや、位置と運動量は、互いに共役な関係にある量といいます。（↓コラム４・１「共役」）

そして最後に四つ目として、光学と粒子の力学とのアナロジーによる捉え方です。光の速さは媒質によって異なるということから、少し発想を膨らませてみましょう。光の速さが変わるということは、どういうことでしょうか。光が速くなったり遅くなったりする、つまり、加速したり減速したりというように、動いている状態が変化することを「力が加わった」ためだと考えることができます。背中を押されれば加速しますし、前から押されれば減速するというイメージです。今考えている屈折現象では、光は斜めから入ってきていますから、光にしてみれば空気と水の境界のところで斜めから力を受けているように感じます。空気中では真っ直ぐ進んでいた光は、水との境界のところで斜めから力を受けることとなり、結果的に曲がります。このように力と対応させて考えることで、屈折現象は粒子の力学とのアナロジーとして理解できます。

粒子の力学で同じような現象も考えられます。単純な例としては、真っ直ぐきた野球のボールをバットで打って飛ばすようなイメージです。実際には野球だと重力のせいでボールは放物線を描くため真っ直ぐではないですが、ここでは単純化して考えることにしましょう。バットによってボールに力を加えることで、ボールの軌道が曲がるわけです。バットとボールが接触している時間はとても短いですが、それでも軌道を曲げることができるわけです。このように瞬時に働く力を撃力《げきりょく》と呼びます。光の屈折現象も、空気と水との界面で光が撃力を受けて曲がった、と解釈することもできるわけです。ただし一つ目の説明のときには光は横方向に広がっていることを使っていて、いまの説明では光があたかも図の線の上だけにいるようなイメージなので、似ているからといって本当に同じだと思ってしまうと間違いです。実際に数式を使ってみても、少し違ったものになります。

10・3 スーパーボールを使った実験

異なる現象をアナロジーによって見出すもうひとつの具体例を紹介します。力学の現象の身近な例として衝突現象を題材として考察し、それと同じ方程式が光の透過と反射でも現れることから現象の理解を深めることにしましょう。簡単にするため、衝突の前後でエネルギーが失われない（散逸《さんいつ》のない）完全弾性衝突の場合を議論することにします。

図10・2(a)のように、ある速度で運動している物体Aと物体Bが衝突する力学の現象を考えます。まずは特別な場合として、一定速度で運動している物体Aが静止している物体Bに衝突するとします。衝突した後のそれぞれの物体の運動はどうなるでしょうか。エネルギー保存則と運動量保存則から、衝突後の速度を求めてみると、おもしろいことがわかります。まず右側にある物体Bは、どんな場合であれ右向きに動きます。しかし左側の物体Aは、AとBの二つ物体の質量の大小関係によって挙動が変わります。物体Aの質量の方が重い場合には右向きに進み、軽い場合には左向きに進み、ちょうど同じ場合には静止するのです。いま、図10・2(b)のように、同じ質量をもつとして、静止している物体に衝突する場合に着目してみましょう。ビリヤードのように同じ性質の球どうしが真っ直ぐぶつかる場合をイメージするとよいでしょう。衝突前には動いていたのは物体Aだけだったのが、衝突後に物体Aはピタッと止まり、物体Bだけが運動します。したがって、Aのもっていた運動エネルギーが衝突によって物体Bにすべて受け渡されたことになります。

次に、物体Aと物体Bが同じ速さで正面衝突する場合を考えてみましょう（図10・2c）。衝突後の速度を計算すると、特にAとBの質量比が3対1の場合に、Aが静止することがわかります。このとき、Bは2倍の速さで右に跳ね返ります。したがって、衝突前にAがもっていた運動エネルギーがすべてBへと受け渡されることに

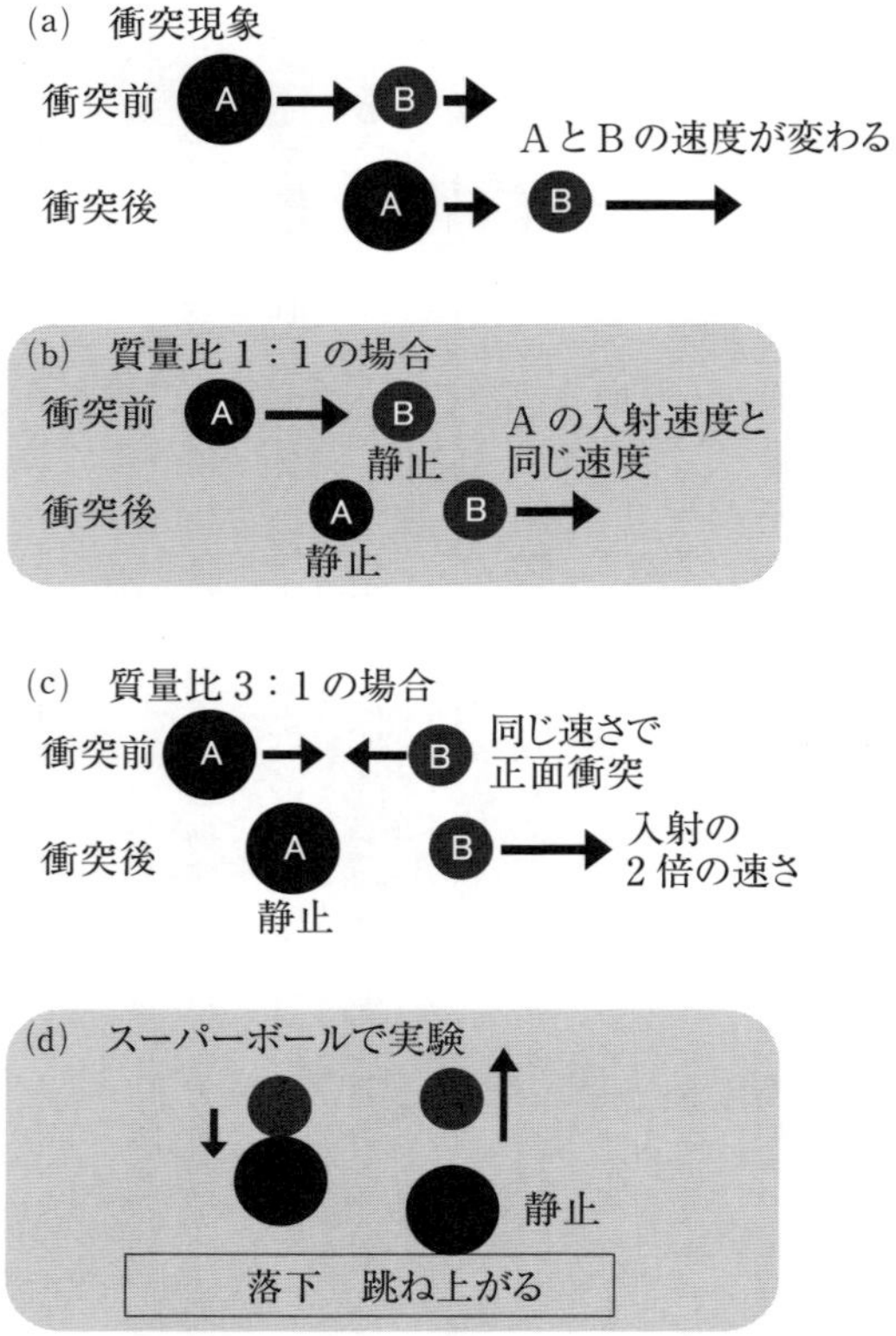

図10.2 (a-c) 球の衝突と、(d)スーパーボールの跳ね上がり。

なります。

この現象は、身近なものを使って実験することができます。図10・2（d）のように大小二つのスーパーボールを重ねて手にもち、ある高さから手を放して自由落下させ床で跳ね返させることを考えてみましょう。ここで仮定として、下側の大きなボールがまず床と完全弾性衝突して同じ速さで逆向きに跳ね返り、その後で小さなボールと衝突するとします。するとボールどうしの衝突現象としてみれば、互いに逆向きに同じ速さでぶつかることになりますから、まさにさきほどの正面衝突と同じことになります。大小のボールの質量比が3対1のときに、下側の大きなボールが静止して、上側の小さいボールだけが跳ね上がり、その速さは衝突直前の2倍です。ボールが到達する高さは速さの二乗に比例します。その結果として小さいボールが到達する高さは、最初に落下させた高さの4倍になります。

この現象をエネルギー収支としてみると、初期条件では大小二つのボールが位置エネルギーをもっていたのが、床にぶつかるときにはそれらが運動エネルギーに代わっており、衝突によって大きなボールの運動エネルギーが小さなボールへと完全に受け渡され、最終的には小さなボールの位置エネルギーになっています。このようにして、物理的に考えていけばもっともらしい現象ではありますが、実際にスーパーボールを使ってやってみると、ボールが一つだけのときは手を放した高さまでは弾まないのに、ボールを二つにするとそれ以上にまで高く飛ぶわけですから、とてもおもしろいものです。

なお、スーパーボールを使ったこの実験は、さらに拡張してボール三つにするのも興味深いです。ボールが三つある場合に同様に計算してみると、質量比が6対2対1のボールを重ねて落とすと、下側の重たいボール二つが床の上で静止し、一番上の軽いボールだけが飛び上がることがわかります。このとき、軽いボールの到達点は、手を放した高さの9倍になります。エネルギーの言葉でいうと、初期条件での三つのボールのもつ位置エネルギーが、落下によって運動エネルギーに代わり、衝突することでそのすべてが軽いボール一つに受け渡され、軽いボールの位置エネルギーのみになります。理論値として高さが9倍になるのはもっともに思えるかもしれませんが、いざ実験してみると頭上を遥かに越える高さまで飛びますので、人体のスケールから外れるところがとてもおもしろい現象です。ぜひご自身で工作して、試してみてください。

10・4　光の反射と透過へのアナロジー

さて次は光の現象へのアナロジーを考えます。図10・3（a）のように二つの媒質の両側から光が入射する場合について、境界面で光がどのように反射・透過するかを考えてみましょう。光の反射と透過は、通常は光を片側から入射した場合だけを扱うので、このように両側からの場合を考える機会は少ないです。片側だけよりも両側から入射する方が一見すると複雑に思えますが、実は、この方が力学との対応がわかりやすくなりますし、片側からの場合にもすぐに適用することができます。

いま界面での反射と透過は、理論的には境界条件として取り扱われます。境界条件の式を書いてみると、さきほどの力学での衝突現象で用いた式とまったく同じ形の式が得られることがわかります。したがってさまざまな衝突現象を考えると同時に、それぞれに対応する光学現象も予言することができるわけです。可視光での現象を考えることとして、便宜上、透磁率は1とします。この場合の力学と光学の対応関係は、力学での質点の質量と速度が、光学での屈折率と電場にそれぞれ対応しています。力学での二つの質点の質量比3対1に対応させて、二つの媒質の屈折率の比を3対1になるようにします。そして光を両側から逆位相（お互いの振幅の符号が逆）でぶつけると、反射・透過する光の振幅は片方ではゼロでもう片方では2倍になるわけです。つまり、入射した

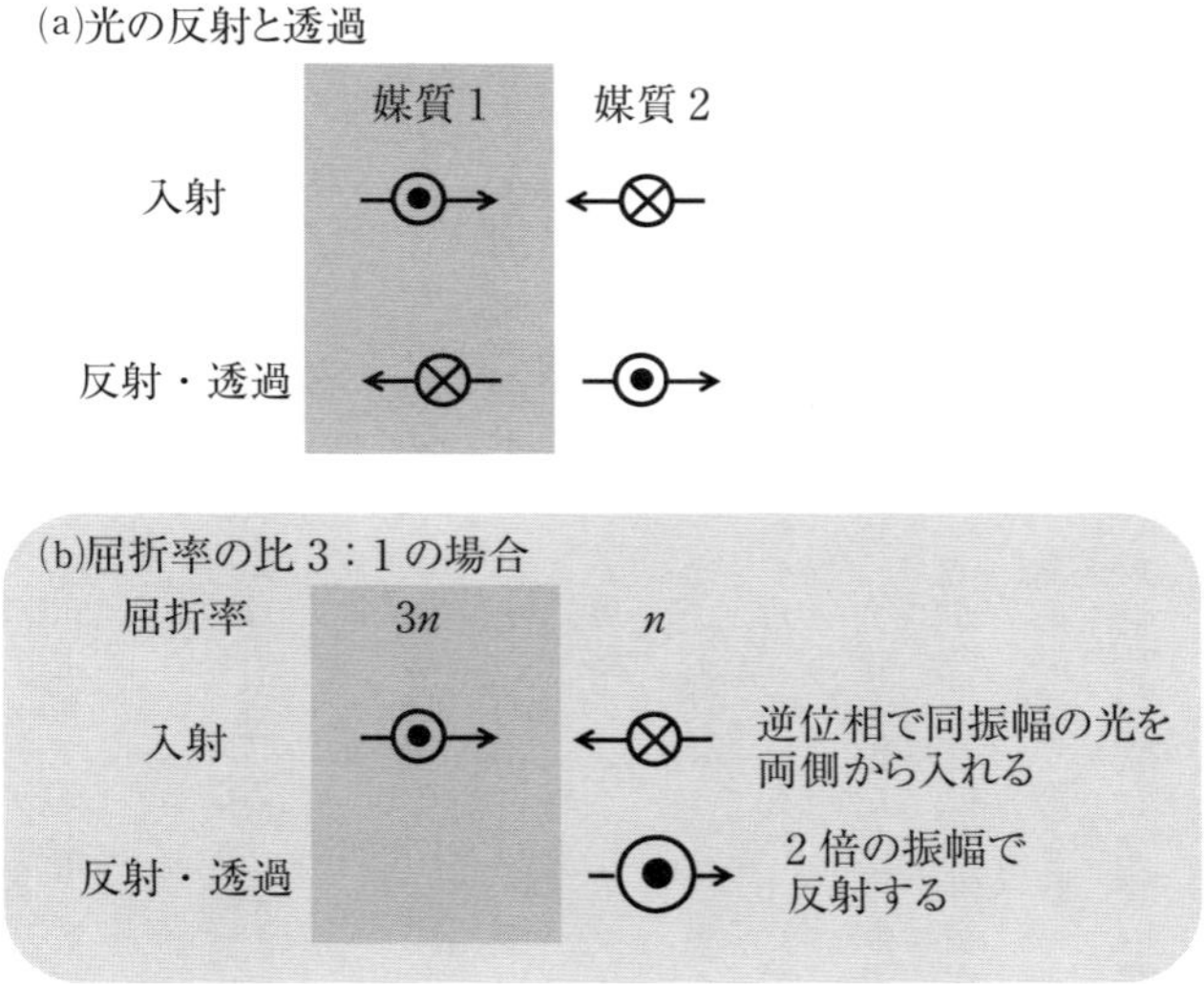

図 10.3 (a)２つの媒質の両側から光が入射する場合。電場は紙面に垂直な向き。その位相の符号が互いに逆であることを示すために、記号で区別している。(b)屈折率比３：１の場合。

光の片方が打ち消されて、そのエネルギーがもう片方にすべて移行され、2倍の振幅で反射していったことになります。

スーパーボールの衝突現象は質点の動きを辿っているので、力学の描像を表す特徴的な問題といえますが、それを表す数式が、力学とは対極ともいえる波動現象でも同じ形で現れるのは、とても興味深いです。

10・5　古典力学から量子力学へのヒントにもなった

アナロジーは単に視野を広げるというだけでなく、実際の物理の研究においても大きな役割を果たしています。その一例が量子力学です。これまで光の屈折現象を、粒子の力学と対応づけて考える方法を述べました。光の通る軌跡を辿ることで、その道筋があたかも粒子が通った軌跡のように考えて理解を深めました。ただしここではただ単に光の道筋を、粒子の軌跡のように考えるというだけであって、光が粒子性をもつとかいうことまでは踏み込んでいません。そこに踏み込んでいくと、光の量子力学になるわけですが、いまはあからさまには触れないことにします。ともあれ光を扱う光学には、粒子を扱う力学と似た側面があるわけです。これは落ち着いて考えてみるとかなり不思議なことです。光は波ですから、波が粒子と似た性質があるだなんて、決して当たり前の話ではありません。そこで、いっそのこと開き直って、あるいは想像を膨らませて、波も粒子も見方によっては同じようなものなのではと考えてみましょう。この波であっても粒子っぽい側面をもっていたり、あるいは逆に粒子であっても波っぽい側面をもっている、というのが量子力学の大切な考え方のひとつです。

同様に電子についても、古典的には粒子として扱われていて、本書でもこれまでの議論ではほぼ粒子としての側面のみでした。しかし量子力学の考え方のひとつである、波と粒子の両方の側面をもっているだろうという視点でみると、電子にも波としての側面があると期待されます。実際、量子力学で登場するシュレディンガー方程式は、電子の波動方程式としての意味ももっています。

10・6 光にとって物質は「回路」

光が伝わっていく様子を理論的に表すには、方程式から議論します。方程式といわれると、解いたり解けなかったりという印象がありますが、必ずしも解くかどうかの問題だけではありません。どういう方程式の形をしているのかなと眺めるだけでも、いろいろと思いをめぐらすことができます。これまでは粒子の力学との類似性をみてきました。今度は少し雰囲気を変えて、光学を電気回路で理解する考え方に触れてみましょう。

図10・4のような電気回路を考えてみます。コイル（素子としてはインダクタンスをもつのでインダクタと呼ばれる）が連なっているところへ、コンデンサ（素子としてはキャパシタンスをもつのでキャパシタと呼ばれる）が枝として出ています。この回路に流れる電流と、場所ごとの電圧を求めるための方程式を立ててみます。するとおもしろいことに、物質の中を伝わる光の様子を表す方程式とまったく同じ形になります。回路の場合には、電流が流れることによって電圧を生み出し、またその電圧が変化す

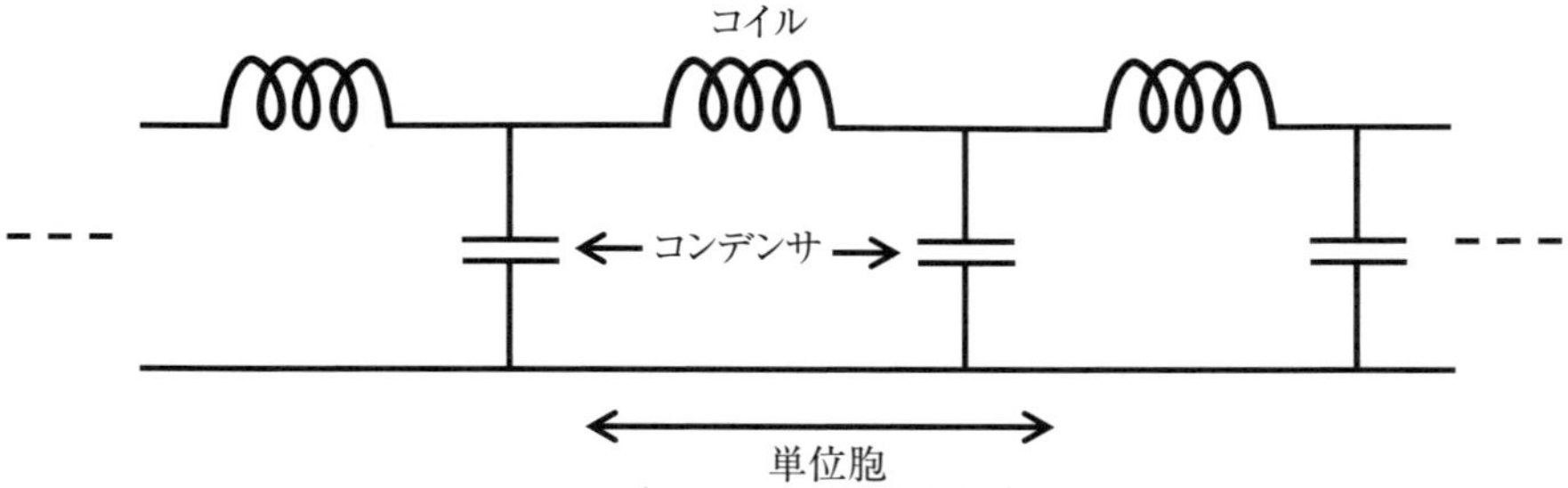

図 10.4　光の伝搬の等価回路。

ることによって電流が流れ…と繰り返しながら電流と電圧が伝わっていきます。この状況がまさに光の場合でいうところの、光の電場が磁場を生み出し、またその磁場が電場を生み出し…という関係と同じ形になっているのです。光と物質とのやりとりでは、物質がどれだけ電気的に応答するかは誘電率で表され、磁気的な応答は透磁率で表されました。電気回路では、回路に電流が流れたときに、コンデンサに電荷の貯まる大きさを表すキャパシタンス、コイルに生じる電圧の大きさを表すインダクタンス（ただし、単位長さ当たり）が、それぞれ誘電率と透磁率に対応します。まとめると光と電気回路では電場と電圧、磁場と電流、誘電率とキャパシタンス、透磁率とインダクタンスがそれぞれ対応していることがわかります。

こうした対応関係は偶然のようにも思われますが、落ち着いて考えてみるとそうでもありません。そもそも光も電気回路も電磁気学の中での現象なのだから、関係があるのはごく自然のことにも思われます。ただそれは答えがわかったうえでは自然に思えるだけであって、光の現象を考えようとしたときに真っ先に電気回路が頭に思い浮かぶ人はほとんどいないでしょう。物質を伝わる光を電気回路として書いてみたうえで、ここで第5章で述べた、物質の電気的応答と磁気的応答に立ち戻ってみましょう。

物質の電気的応答は誘電率で表されます。何が起こっているのかをミクロに見ると、まず光が電子に当たり、光の振動電場によって電子が揺さぶられ、揺れる電子がまた光を放出するというプロセスです。このことを回路で考えてみるとどうなるでしょうか。電流がコンデンサに流れ込みます。コンデンサに電荷が蓄えられ、その電荷がまた回路へ供給されというプロセスを繰り返します。またコンデンサに電荷が流れ込むことによって、コンデンサに電圧が生じることも大事な点です。もともとは電流だったのが、コンデンサにたまることを通じて電圧へと変換され、さらにまたコンデンサから流れ出ることによって電圧から電流に変わるわけです。これはまさに光が電磁誘導を繰り返しながら伝わっていくことを表しています。

では磁気応答はどうなっているでしょうか。磁気応答は回路ではコイルで表すことができます。導線の中を電流が走ると、導線の回りには磁場ができて、導線の中に電圧が生じます。コイルでは、電流がぐるぐると回ることで磁場を発生します。このように電流が回っているモデルは、物質の中の電子でいえばちょうど軌道磁気モーメントの仕組みと対応します。磁気に関しては、磁荷（磁気単極子）は存在しませんので、ぐるぐる電流が回ることで磁気モーメントと対応させると直感的にわかりやすくなります。またこのコイルでは電流によって電圧が生じましたが、その逆もありえます。電圧があればコイルの内部に電流が生じるという言い方もできます。つまりは電流と電圧が互いに変換しあって伝わっていきます。これもまた光が電磁誘導をしながら伝わる様子と対応します。

このように物質の中の電子のことを考える際には、直接的なイメージをしにくい場合であっても、回路として絵で書くことで視覚的にもわかりやすくなります。そしてこのような考え方はメタマテリアルととても相性がよいです。実際、第6章で紹介した負屈折率メタマテリアルは、人間の目には電気回路のように見えます。9・2節の図9・2などは、むしろ電気回路にしか見えません。いまここで行ったアナロジーによる考察は、物質の中の光の様子を表す方程式を考えて、それが電気回路の式と同じだというところから始まりました。電気回路によって現象のイメージをつかみ、そのイメージを再び物質の中の電子に置き換えて考えました。光のことを考えたり、電気回路のことを考えたり、あるいはそれらの橋渡しをするような電子のことを考えたり、アナロジーを使って行き来しながら理解が深めることは楽しみのひとつです。そうやって行ったり来たりしているうちに新たなアイデアが生まれる可能性が増えるわけです。これから最後の章にかけて、そうしたアナロジーが重要な役割を果した結果、生まれてきたいくつかの話題を紹介します。

第11章 対称性の破れとメタマテリアル

本章では対称性を糸口として光学現象を考えます。その際に前章で説明したアナロジーを駆使します。まず準備として対称性について説明した後、光の偏光をスピン自由度として見立てることを紹介します。その後に並進対称性、回転対称性、時間反転対称性、そして空間反転対称性などが破れた場合に、光がどのように振る舞うかを見ていきます。さらに第1章で登場した磁気カイラル効果について、詳細に説明していきます。

11・1 対称性

第1章にも出てきた対称性は、科学ではとても重要な役割を果たします。日常生活では、左右対称や上下対称という言い方がありますよね。左右対称は、左と右とをひっくり返しても同じという意味であって、見た目が綺麗な印象があるかもしれません。科学の場合は、この意味をもう少し掘り下げて扱います。たとえばある物体の形を知りたいときに、全体像はわからないけど、左右対称であることはわかっているとします。このとき、左半分の形さえわかれば、右半分のことは調べなくてもわかるわけです。このように科学の研究では、始めからすべてがわかってるようなものは研究対象にはならないわけで、わからないから研究をするのですから、そこに対称性があると、非常に有効な情報となるわけです。

科学の中で対称性が有力な着眼点となったきっかけは、数学における群論の考え方が応用されたことです。数学の群論は、フランスのガロア（Évariste Galois，一八一一～一八三二年）が考え出した方程式の理論に端を発しています。そこでの対称性の例として、整数係数の二次方程式を考えてみましょう。ひとつの解が1だとしたときに、もうひとつの解は何かというと、これだけでは全然わかりません。ひとつわかっただけでもうひとつは不明という意味では、対称性が低い。しかしもし、ひとつの解が$1+\sqrt{2}$だとわかったとしたら、もうひとつの解は計算しなくても$1-\sqrt{2}$だとわかってしまいます。この状況はさきほどの例と照らしあわせると、左右対称だという情報と左半分の形がわかると自動的に右半分もわかってしまうというのと同様で、方程式の係数の情報と片方の解がわかると、もう片方の解もわかってしまうわけです。これは複素数の場合だと、実数係数の式について、$1+i$が解であれば、その複素共役である$1-i$も解になる、ということと似ています。光やメタマテリアルの研究においても、対称性はとても重要な役割を果たします。どんなに複雑な構造をもっていたとしても、そこに対称性を見出すことで、どういう現象が起こりうるか、起こりえないかがわかるのです。光に対して対称性を考えるための準備として、光の偏光状態とスピンについての説明から始めることにします。

11・2　偏光は光のスピン

光は電場と磁場が振動しながら伝わっていく波です。それらが振動する向きはいろいろありえます。どういう向きの振動かというのを、どう偏っているかという意味合いで、偏光と呼びます。この偏光が、光にとってのスピンに対応するものです。電子でスピンが登場するには、相対論的量子力学が必要でした（4・4節参照）。一方、ここでは電子のように相対論的量子力学をやっているわけでもなく、古典的な電磁気学しか考えていないのに、なぜスピンが出てくるのだろうと不思議な気もします。しかし電磁気学は特殊相対性理論を含んでいて、しかも光は波動ですので、相対論的な波動理論としてはスピンが出てきてもおかしくはない、と考えておくとよいです。光は究極の相対論的な存在なので。

第1章でも光は波だという話をしてきましたが、光の電場や磁場が振動する方向はどこでもよいというわけにはいきません。光には質量がないという事情もあり、光の波は縦波にはなれず、横波です。したがって光の電場の向きは、大まかにいえば伝わる方向を基準にして、その向きと垂直な二つの方向で振動します。ですので、偏り具合は二方向あることになります。よく知られている偏光として、電場がある方向に固定されているような直線偏光（図１・２）と、電場がぐるぐる回りながら伝わっていくような円偏光（図１・３）があります。どんな偏光が許されるかは光が伝わる媒質によって異なります。たとえば空気のようにどの方向が特別ということもなくどっちへ向いても同じような媒質では、どういう偏光でもありえます。しかし、媒質に特別な方向（異方性）がある場合には、どの偏光も許されるわけではなく二つの偏光に限定されるのです。

直線偏光は光の電場もしくは磁場が、ある特定の方向に振動して伝わっていくものです。偏光メガネで三次元映像が見られる仕組みのひとつとしても利用されています。また偏光サングラスをかけて海面を見ると海中の魚がよく見えるのは、海面から反射してくる光の大部分が一方向に直線偏光しているからです。また気象予報が正確なのには、Xバンドマルチパラメータレーダという装置が貢献しています。これは二種類の直線偏光したマイクロ波を使って、雨粒の大きさまで観測できるという技術です。

円偏光は、光の電場や磁場がぐるぐる回りながら伝わっていくような偏光です。どちらの向きに回っているかによって、左回り円偏光や右回り円偏光と呼ばれます（↓コラム11・1「右回りか左回りか」）。ただし何を基準にしてどちらに回っているかは、光を出す側から見るのか、光を受け取る側から見るかで違います。それ以外に

コラム 11・1

右回りか左回りか

右回りは、右手を横に出して、その指先を右に見ながらも中心にして前進して回転する場合をいいます。これは時計を使って、時計回りに対応します。一方左回りは、横に出した左手の指先を中心に回転する場合です。これは反時計回りに対応します。ちなみに鉄道の山手線や大阪環状線は、「内回り」と「外回り」と呼びます。これは日本では電車も含めてすべての車両が左側通行だと理解していれば、内回りが左回り（反時計回り）、外回りが右回り（時計回り）とわかります。なお名古屋では市営地下鉄の名城線が環状線になっており、「左回り」と「右回り」と表記しています。

ここで、右回り・左回りに関するマメ知識として、ひとつ注意点を述べておきます。日常使っている言葉としては、右を先にいうことが多く、いまの場合は「右回りと左回り」の順で書きます。しかし科学の研究では数学を使うわけで、数学では座標を書いたときに、プラスに回る向きというのは通常は左回りです。角度としてマイナス方向に回るのが右回りです。したがって日常の言葉として右回り・左回りというと、それを数式で対応させようとするとマイナス・プラスの順になります。何でもないような当たり前のことをいってるように思われるかもしれませんが、こうした単純な事柄ほど専門家どうしでも議論の際に誤解を招くことが多いので、気に留めておくに越したことはないです。

も専門的には光の向きが行きと帰りのどちらかによって偏光も区別しようという、ヘリシティと呼ばれる量のことを指す場合があり、とてもややこしいので注意が必要です。単に「右回り円偏光」といっても、解釈によっては四通りがありうるので、どういう前提でいっているかを示さないと意味がありません。本書では数式を出さないために言葉だけでいうと、光がどちらの向きに進むかとは関係なく、角運動量の値だけで円偏光を決めることにします。これらの偏光は様々な場面で人間の役に立っています。また人間以外の、虫や鳥などの動物も偏光を利用しているといわれています（↓コラム11・2「偏光の使いみち」）。

11・3 屈折 ―並進対称性の破れ―

異なる媒質どうしの境界面で起こる屈折現象は、対称性の観点からも理解することができます。屈折をさまざまな視点から理解する方法は、すでに第10章でも述べましたが、ここでは対称性による考え方を簡単に復習してみましょう。光が伝わるとき、異なる媒質との境界面でどうなるかを考えます。媒質の状態が時間変化しない場合を仮定すると、時間推進の対称性に対応する保存量として、光の周波数はどこでも一定であることがわかります。界面があると、界面に垂直な方向では当然ながら並進対称性は破れています。しかし界面に平行な向きでは一様ですから、その向きの運動量（いまの場合は波数）は保存します。これらの条件から、屈折する角度が決まってしまいます。屈折角を求めるには、微分方程式の境界条件から計算することが考えられるわけですが、わざわざそんなことをしなくても、このように対称性を考慮することで屈折の角度までわかってしまうわけです。なお界面に対して垂直に入射した場合は、そもそも界面に平行な波数成分がゼロなので、光は曲がることなくそのまま直進します。

コラム 11・2

偏光の使いみち

私たち人間の眼は、解剖学的には偏光を見分けることができません。ところが動物は偏光を見分けることができるものもいるといわれています。といっても動物に直接聞いたわけではないので、解剖や実験の結果として「どうやら見分けられるらしい」ということでしょう。ミツバチなどの昆虫や、鳩などの鳥、ザリガニなどの甲殻類は、直線偏光を見分けられるそうです。

もともと偏光していない太陽からの光が、空気の分子によって散らされ（散乱され）ると、空の観測方向、具体的には太陽との位置関係によって直線偏光の程度が変化します。ミツバチなどは、この直線偏光の程度を「見る」ことで太陽の位置を知り、自分がどの方向を向いているのか「コンパス」代わりに使っているそうです。

私たちの身の回りにも偏光は存在します。レーザー光線は直線偏光しています。レーザーというものは、光を増幅する媒質を通ったコヒーレントな光を鏡の中に閉じ込めて、強い光を取り出すものです。この増幅媒質を出るときに通過する窓が少し変わっていて、ある直線偏光は損失なく完全に透過します。このような鏡をブリュースター窓《まど》（David Brewster, 1781 ～ 1868 年）といい、その現象はブリュースター無反射現象と呼ばれます。

ブリュースター無反射現象は通常の、つまり誘電率しか変化できない世界では、p 偏光と呼ばれる直線偏光を反射せず通します。それに直交する s 偏光と呼ばれる直線偏光は反射します。しかし、もしメタマテリアルで透磁率の変化が起きると、s 偏光でもブリュースター無反射現象が起こるはずだ、と京都大学の北野正雄と中西俊博らは考えました。そして 2006 年に、スプリットリング共振器を使ってマイクロ波領域で、s 偏光ブリュースター無反射現象を実証しました。また彼らはカイラルなメタマテリアルをうまく設計することで、真空から円偏光を入射したときに、ある一方向の円偏光に対しては反射や屈折をするのだけれど、逆方向の円偏光に対しては反射も屈折もせずに透過するということが可能だということを示しました。反射も屈折もせずに透過するということは、それは電磁波から見れば「真空」と同じことです。もし実現したら、片方の円偏光は完全に反射し、逆方向の円偏光は完全に透過することで、円偏光を分けるビームスプリッターと呼ばれる光学素子が実現できると考えられます。

一般には媒質が異なると屈折率も異なるので、光の周波数と波数との関係である分散関係の表式も異なります。したがって、ある周波数を固定したときに媒質中で許される波数は、媒質ごとに異なってくるわけです。異なるとはいえ、対称性で守られている成分に着目すると屈折角が簡単に求まったというシナリオになっています。ここで改めて注意しておきたいのは、境界面の存在によって系の全体としては並進対称性が破れている、という状況が出発点でした。ある対称性が破れている中でも、まだ保たれている対称性に着目することが大切です。

11・4 横シフト —回転対称性の破れ—

屈折現象では、並進対称性の破れという観点から光の進む向きが変わる様子を見ました。実はこの系ではほかにも対称性があります。屈折の場合だと断面図では界面を直線としかみていませんでしたが、界面自体が奥行き方向にも二次元に広がっているわけです。そうしてみると境界面があるという系は、界面に垂直な軸に関して回転させても状況は同じですから、この軸まわりの回転対称性があるといえます。回転対称性が破れたときに起こる現象のひとつが、本節で紹介する横シフトです。

図11・1のように、界面に円偏光の光を入射する状況を考えます。円偏光は光の進行方向を軸として、そのまわりに角運動量をもっています。媒質どうしの境界面は界面に垂直な軸まわりの回転対称性があるので、この軸のまわりの角運動量は保存されなければなりません。では回転対称性を破って界面に斜めに円偏光を入射したらどうなるでしょうか。斜めに入射して界面を通過すると光は屈折します。屈折した後も光は（ほぼ）円偏光のままです。

ここで、円偏光がもつ角運動量は、プラス1かマイナス1しかとらないことに注意しましょう。斜め入射の場合には、円偏光がもつ角運動量の軸は屈折によって曲げられますから、偏光による角運動量は屈折の前後で変化します。しかし全体としては、角運動量のうち界面に垂直な成分は保存されなければいけない、ということが対称性から要請されます。角運動量を保存するには、回転の原点をずらす、つまり光が進んでいる位置がずれなければいけません。したがって進行方向と界面に垂直な方向の両方に、つまり入射面に垂直な向きに光の重心がシフトすることがわかります。この横シフトの現象そのものは、古くからアンベール・フェドロフのシフト（Christian Imbert, 一九三七～一九九八年：Fedor I. Fedorov, 一九一一～一九九四年）として知られていますが、角運動量保存則と関連させて認識されたのは数十年を経た後でした。

11・5　砂糖水の自然光学活性 ―空間反転対称性の破れ―

砂糖を水に溶かすとどうなるでしょう？　甘くなるに決まってるじゃないか、と思いますが、いまは味は問題ではありません。光の立場から見ると、砂糖水は実におもしろいんです。砂糖にはカイラリティがあり光学異性体をもちます。つまり、右手と左手の砂糖があります（負の屈

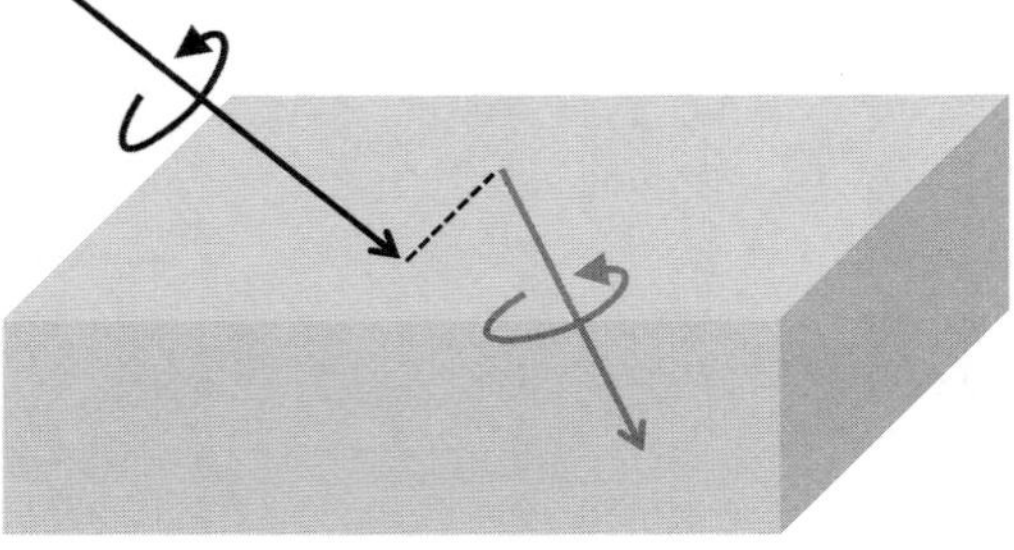

図 11.1　境界面における屈折と横シフト。円偏光の光が界面で屈折を起こすときに、進行方向と界面の法線と両方に垂直な向きにシフトする。

折率とは関係ありません）。光学異性体をもつ物質に光を通すと、第1章で登場したように、光の直線偏光が回転するという自然光学活性（自然旋光性）が起きます。普通の物質、たとえば空気の中を通しても光の偏光は変わりませんが、砂糖水の中を通ると光の直線偏光面がぐるぐる回転するのです。

光学異性体は、お互いを鏡に写したような関係になっています。このような状況は専門用語では、空間反転対称性が破れている系という言い方がされます。いま、光学異性体のうちの片方の砂糖だけで作った砂糖水を考えてみましょう。直線偏光はこの砂糖水をどう感じるでしょうか。1・1節の図1・4に出てきましたが、直線偏光は右回りと左回りの円偏光を合わせたものです。左回り円偏光か右回り円偏光かで砂糖は、異なる応答を示します。具体的には屈折率が異なります。屈折率が異なれば光のスピードが異なり、左回り円偏光と右回り円偏光で位相がずれます。その結果として砂糖水を通過したのちに合成した波では、直線偏光の偏光面が回っています。

こうした状況は、次のようなたとえ話で考えるとわかりやすいです。左回り円偏光と右回り円偏光は、左手と右手のように互いに逆な関係にあります。一方で光学異性体も左手と右手のようなもので、鏡に写したような関係にあります。したがって直感的には、砂糖水を伝わる光は、いわば右手と右手で握手するか、右手と左手で握手するか、という状況に例えることができます。右手と右手で握手すると普通です。あるいは左手と左手で握手しても、問題はないでしょう。ところが右手と左手で握手しようとすると、ちょっと困ります。こうして同じ手で握手するのか、違う手で握手するのかで、感じ方が異なるというのが光学活性のひとつの理解の方法です。

これに対して光学活性がない物質、たとえばただの水を伝わる光は、まん丸いボールを手で握るようなものです。右手で握っても左手で握っても、まん丸い物体の触り心地は変わりません。これがいわば単なる水を光がどう感じているかを表していて、左回り円偏光でも右回り円偏光でも応答は同じです。

図11・2に自然光学活性の様子を示します。直線偏光が砂糖水の中を通ると、偏光面が一方向に回転します。

回転する方向は砂糖が右手か左手かで逆方向です。また光の波長にも依存します。光学活性による偏光面の回転方向は光の伝搬方向で決まるため、鏡で反射して返ってきた光は逆方向に回ります。結果として戻ってきた光は偏光面が回っていません。これは、次に述べる磁気光学効果と比較すると大きな特徴です。

11・6　磁石の磁気光学効果 —時間反転対称性の破れ—

では時間反転対称性が破れている磁場中の物質や磁石の中を通る光はどうなるでしょうか。第4章では、電子のように電荷をもつ粒子が磁場の中を動く場合を考えました。フレミングの左手の法則によって、動く方向と垂直にローレンツ力を受けるという不思議な現象を見ました。それでは、光の場合はどうでしょうか。光には電荷がありません。光に磁場をかけても電場をかけても、通常は何も起こりません。

しかし物質を介すると、状況はかなり変わってきます。磁場のかかった物質や磁石の中を伝わる光は、おもしろい現象を示します。そこで図11・3のような磁場がかかったガラス棒の中を光が通るとどうなるかを考えましょう。ガラスは通常の意味での磁石ではありませんが、やはり

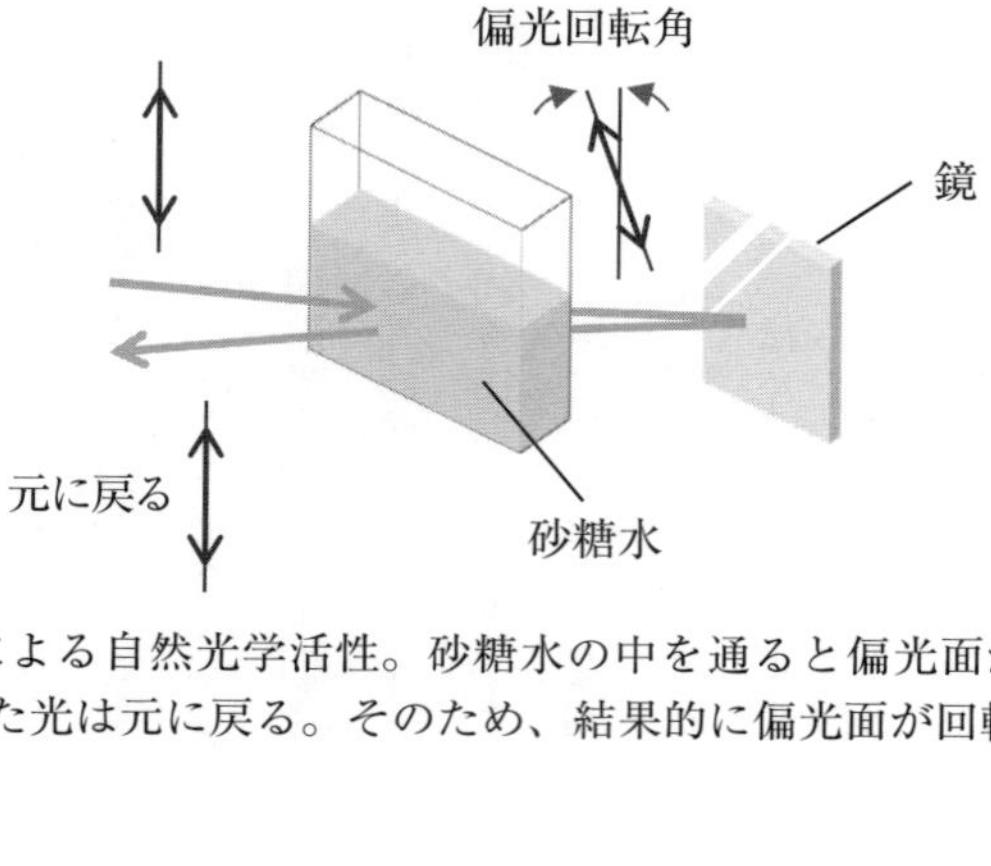

図 11.2　砂糖水による自然光学活性。砂糖水の中を通ると偏光面が回転するが鏡で反射して返ってきた光は元に戻る。そのため、結果的に偏光面が回転していない。

磁場をかけると応答します。結果を先にいうと、磁場中のガラス棒を通った直線偏光は、自然光学活性と同様に、偏光面が回ります。この現象は、第1章でも登場したように、磁気光学活性、もしくは磁気光学効果（MO効果）と呼ばれています。見た目は似ていますが、自然光学活性とは異なり、磁気光学効果では鏡で反射して返ってきた光は、偏光面が二倍回っています。これはどちらに回転するかを磁場（もしくは磁化）の方向が決めているからです。

現象としてはよく知られているのですが、その原理は意外と勘違いされています。勘違いを誘ったり、わかりにくくなったりする原因のひとつが、磁場がかかった物質といいつつも、光そのものにも電場と磁場があることです。物質に印加している（直流）磁場と、光がもっている（交流）磁場を混同してしまうといけません。混同してはいけないのは当然なのですが、だからといってそれらがまったく関係ないかというと必ずしもそうではないところが、悩ましいところです。光の波長によっては関係したりしなかったりと考えてください。目に見える光である可視光の波長では光がもっている磁場はあからさまには寄与しません。一方で、マイクロ波の波長では光の振動磁場が大切な役割を果たします。

では、まずは可視光を念頭において、光がもっている磁場が影響しない場合を説明することにします。光がもっている磁場と、物質に印加し

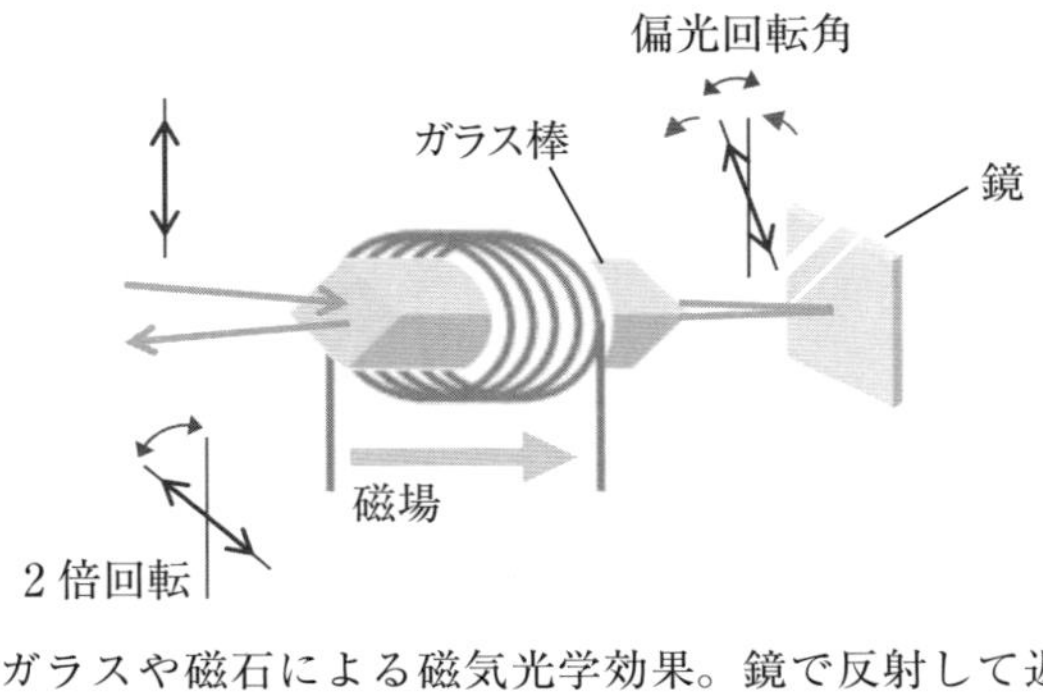

図11.3 ガラスや磁石による磁気光学効果。鏡で反射して返って来た光は、偏光が2倍回っている。

ている磁場は混同しやすいので、それぞれ光の磁場、印加磁場と呼んで区別することにします。そう断っておいてなんですが、可視光の場合には光の磁場はほとんど影響を与えません。

物質中の電子に光が当たると、電子は動きます。より具体的には可視光では、電子は光の電場による力を感じます。この力の向きは、電子がマイナスの電荷をもっているので、光の電場と逆方向です。電子はその力の向きに動きます。ここでもしも印加磁場があるとどうなるでしょうか。4・1節で考えた「だるまさんがころんだ」のようなローレンツ力の特徴を思い出しましょう。印加磁場の下で電子が動くと、ローレンツ力によって、運動している向きと垂直な向きにも力を受けます。すると、光の電場の向きとは垂直な向きに電子が曲げられます。したがって光の電場が振動している向きと、それによって電子が動く向きが異なりますので、全体としては、電場の向きとは斜めの方向に電子が動くことになります。こうして電子が斜め方向に力を受けるような状況では、光の偏光状態も何でもいいわけではなく、印加磁場の向きによっては円偏光しか許されなくなります。そして右回り円偏光か左回り円偏光かによって、電子を動かす具合が異なることになります。

一方で、可視光よりも何桁も波長の長いマイクロ波では、いま述べたような電気的な応答とは違って、磁気的な応答が顕著になります。印加磁場がある場合には、電子の磁化は、マイクロ波の交流磁場によって歳差運動をします。印加磁場を軸として、独楽のように歳差運動をしますので、光から見れば、光の磁場とは違う方向に電子の磁化が動くことになります。こうなると、細かいメカニズムはさておき、結果的にはさきほどの電気的な応答の場合と似たようなもので、偏光も何でもよいわけではなく、場合によっては円偏光のみになります。

このように印加磁場がある場合には、結果的には可視光であれマイクロ波であれ、偏光状態に制約が生じ、さらにそれぞれの偏光状態に応じて屈折率が異なることになります。つまり左回り円偏光と右回り円偏光で、屈折率が異なるということです。このことは第7章で述べた横応答と関係しており、印加磁場があるときの電子の応答が、電場の向きからすると横方向に曲げられることに起因します。屈折率が異なれば光のスピードが異なり、左回り円偏光と右回り円偏光で位相がずれます。その結果として左回り円偏光と右回り円偏光を合成して直線偏光に戻したときに、偏光面が回っています。

ここで注意すべきなのは、印加磁場というように、磁場という言葉が出てきたからといって、必ずしも光の磁場に影響するとは限らないということです。特に可視光の場合には、あくまで光の電場に対して電子が応答しています。電子が揺さぶられる際に、印加磁場の影響を受けて斜め方向へも揺さぶられているのであって、決して光の磁場に応答しているわけではありません。また、そもそも光とやりとりしているのは物質あるいはその中の電子だ、ということも大事です。印加磁場と光とは直接は相互作用できません。

11・7 磁気カイラル効果 ―空間・時間の両方の反転対称性の破れ―

砂糖水のように光学異性体をもつような物質や、磁石のように磁気を帯びているような物質では、直線偏光が回るという現象があることをみてきました。それらは、偏光が回るという意味では似ている現象ですが、光が行って戻ってくるという往復でどうなるかを考えると違っています。自然光学活性では、偏光回転の方向は光の伝搬方向で決まります（相反性）。よって図11・2のように光が行って戻ってくると、偏光回転はゼロです。一方、磁気光学効果では、メカニズムが異なり、印加した磁場（もしくは磁化）の向きが偏光の回転方向を決めます。よって、図11・3のように行って戻ってくると偏光回転は二倍になっています。これは非相反性と呼ばれます。

それでは光学異性体をもつような物質と磁性体とを組み合わせたらどうなるでしょうか。専門的な用語でいうと、空間反転対称性と時間反転対称性の両方を破った状況です。光学異性体をもつようなカイラルな物質では、右回り円偏光か左回り円偏光かという偏光状態に依存して、さらに光の行きと帰りでの進行方向にも依存した応答が見られます。一方で、磁性体や印加磁場の下での物質では、右回りか左回りかの円偏光状態に依存する応答が見られます。そうすると、光学異性体をもっていて、しかも磁性ももっているような物質では、まず光学異性体をもつことから、円偏光に依存して、光の向きにも依存する現象である、光学活性が起き、さらに磁性をもつことから、円偏光に依存して、光の向きには依存しない現象である、磁気光学効果が起きます。そしてこれら両方が同時に起こると、おもしろいことに円偏光には依存せず、光の向きには依存する現象が生じます。これを磁気カイラル効果といいます。専門的には偏光無依存・方向依存複屈折と呼びます。偏光には関係なく、光の進む向きによって屈折率が異なる現象ですので、大雑把にいうと、１・２節の図１・５のように、物質の表側か裏側かによって色が違う現象です。非相反なマジックミラーといってもよいでしょう。

こんなおもしろい現象があるのなら、身の回りでもたくさん使われていてもいいように思えるのですが、実際はほとんどまったくといってよいほどみかけません。その理由は、磁気カイラル効果は、とても小さい応答だからです。光学活性と磁気光学効果の両方の掛け算のような現象ですので、どうしても小さくなってしまいます。そこで、できるだけ大きな磁気カイラル効果を見つけようという研究がなされています。いまここでは、カイラリティのある物質の話に限定しましたが、電気磁気効果と呼ばれる現象でも同様の効果があるために、それを実現するような構造を使った研究も盛んにされています。ともあれ、大きな磁気カイラル効果が実現できれば、身の回りの製品にもより応用されていくと期待されます。

11・8 メタマテリアルで磁気カイラル効果を巨大化する

筆者らは、1・4節の図1・9で紹介した磁気カイラルメタ分子を用いて、磁気カイラル効果を巨大化することに成功しました。銅線カイラル構造とフェライト磁石からなる磁気カイラルメタ分子を一〇ギガヘルツ（GHz）程度のマイクロ波を通す導波管と呼ばれる管に入れます。そして外から電磁石を使って、直流磁場を印加します。だいたい四〇〇ミリテスラ（mT）までかけられます。巨大な磁石である地球の地磁気は約五〇マイクロテスラ（μT）程度なので、四〇〇ミリテスラは地磁気の八千倍という比較的強い磁場です。この磁場をかけながらマイクロ波の透過を調べます。ここで大事なことは非相反な現象を見るために、マイクロ波を表から入れた場合と裏から入れた場合を比較することです。もし表裏で何か違いが見えたならば、それは磁気カイラル効果である蓋然性が高いといえます。

図11・4のグラフは、実験で得られるマイクロ波の透過スペクトルです。透過スペクトルとは、どの周波数の光がどれくらい通り抜けてきたかを表すものです。縦軸はマイクロ波の透過、横軸はマイクロ波の周波数と考えてください。図11・4（a）は磁場を加えないで測定した結果です。下向きのピークがピョコピョコ見えます。これらはマイクロ波が通ってこないことを表しています。これはカイラルメタ原子の中でマイクロ波が共鳴し、透過しにくくなっていることを示しています。実はこのグラフには実線と点線のスペクトルを載せています。それぞれ実線が表からの透過（S_{21}）、点線が裏からの透過（S_{12}）を示しています。しかし図11・4（a）では実線のスペクトルしか見えません。どういうことでしょう。これは表から見ても裏から見ても同じということを意味しています。つまり磁場を加えないとこのメタ分子は相反的で、非相反な磁気カイラル効果は観測されません。時間反転対称性が破れていないので、ビデオの再生も逆再生も同じです。

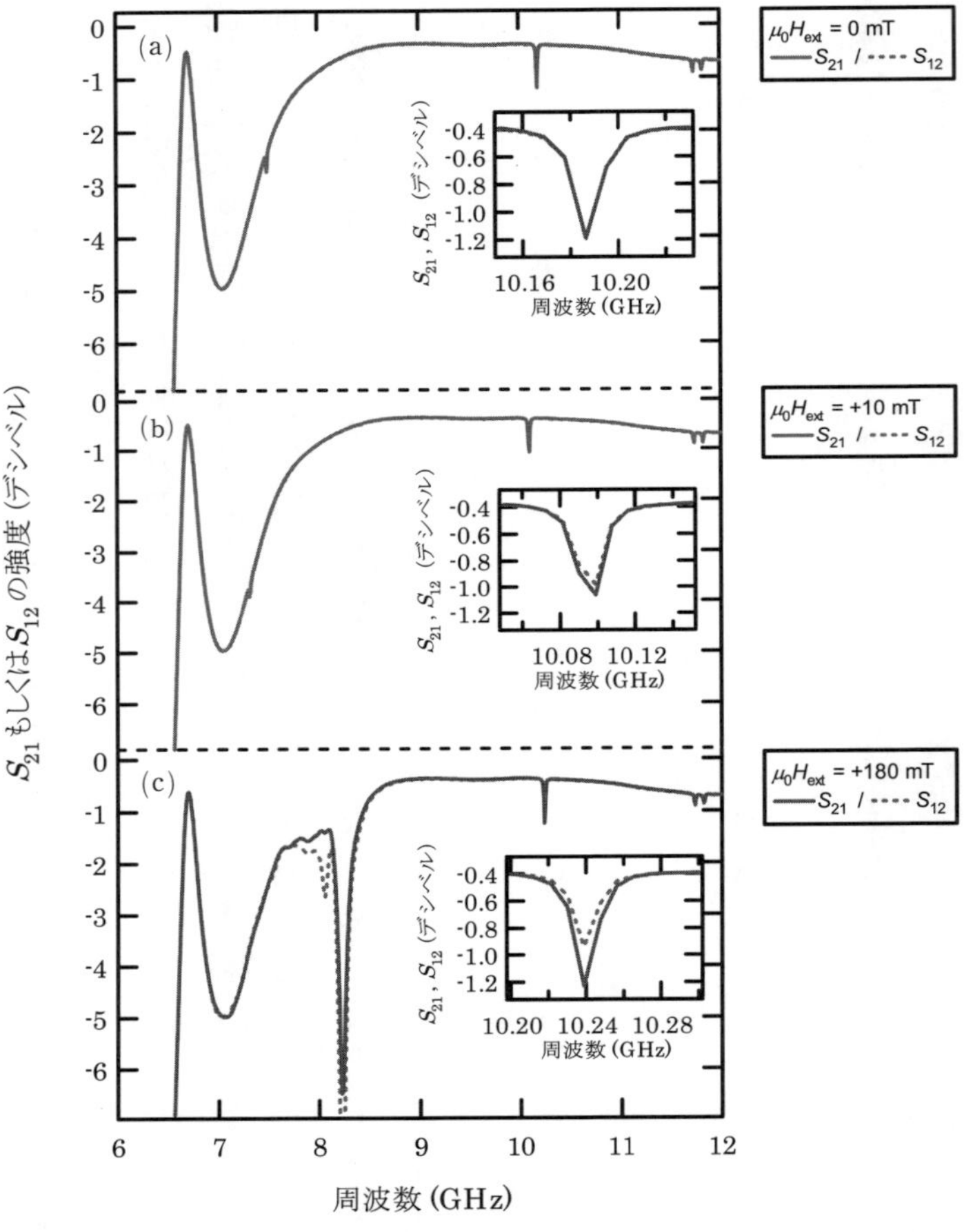

図 11.4　磁気カイラル効果のマイクロ波スペクトル。縦軸はマイクロ波の透過、横軸はマイクロ波の周波数。(a)磁場なしの場合、(b)＋10mT の磁場下、(c)＋180mT の磁場下での透過スペクトル。実線が表から、点線が裏からの透過を示す。小さな図は 10GHz 付近の拡大図。

ところが一〇ミリテスラの磁場（地磁気の約二百倍）を加えた図11・4（b）では、状況が変わります。一〇ギガヘルツ付近の下向きのピークを拡大してみると、それがよくわかります。実線と点線の違いが少し出ています。これは表と裏で異なって見える、つまり非相反的ということです。このピークの大きさの違いから、磁気カイラル効果の大きさが見て取れます。さらに磁場を一八〇ミリテスラまで大きくした図11・4（c）では、実線と点線の違いがますます大きくなっていることがわかります。また八ギガヘルツ付近に大きなピークが見えます。これはフェライト磁石の磁化の歳差運動による磁気共鳴が現れています。この磁気共鳴でも非相反な磁気カイラル効果が増強されています。

磁気カイラル効果の大きさは、表から見た場合と裏から見た場合の屈折率の差で表されます。**図11・5**は印加磁場の値を変化させたときに、磁気カイラル効果による屈折率の差がどれほど変化するかを示しています。図11・5（a）はマイクロ波のスピード（複素屈折率の実部に対応）の差に、図11・5（b）は表と裏の色（複素屈折率の虚部に対応）の違いのグラフと考えてください。グラフ右側の軸から、0・001程度の屈折率差が発生していることがわかります。これは天然のカイラル分子を使って可視光の領域で調べた場合と比べると、一〇万倍も大きなものです。メタマテリアルを使って磁気カイラル効果を大きくすることができるのです。

もちろん天然のカイラル分子の場合と比べて、光の周波数が異なるので単純に比較して勝った負けたというのは、フェアではありません。これはあくまでもモデルケース（もしくはプロトタイプ）であると考えるべきです。メタマテリアルの動作原理にはスケーラビリティがあり、一般的にサイズによりません。よってメタマテリアルは、ある現象を理解し、改良のための処方箋を得るのに適しているのです。この処方箋を用いれば、原理的には、ほかの周波数でも同じようなことができます。今回の場合、マイクロ波領域で明らかになった物理を用いて、より周波数の高い可視光領域で大きな磁気カイラル効果を得ることができます。これがメタマテリアルの便利など

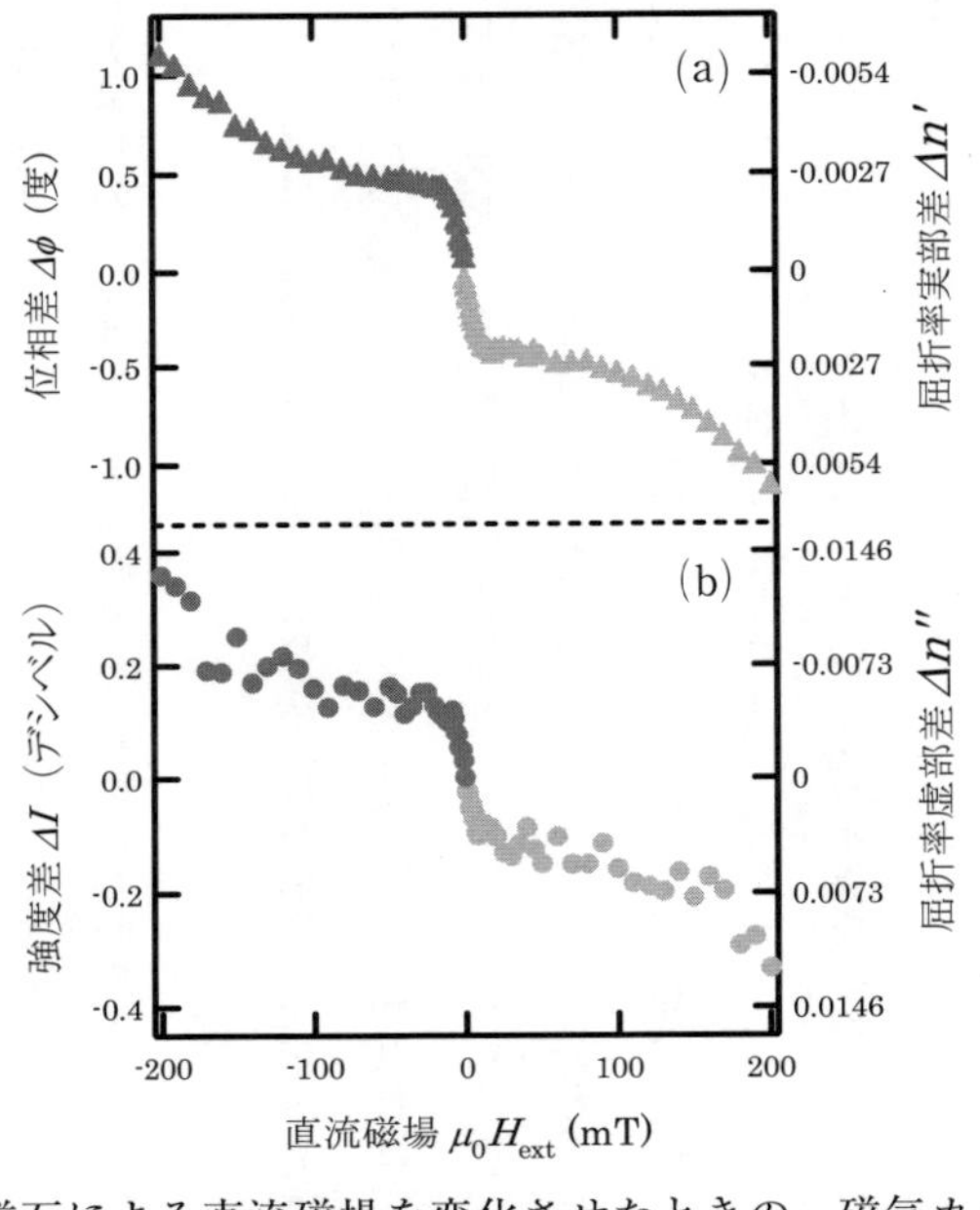

図 11.5　磁石による直流磁場を変化させたときの、磁気カイラル効果によるマイクロ波の(a)位相差と(b)強度差の変化。右側の縦軸に表裏の屈折率差に変換した値を示している。

ころです。

11・9 ホモキラリティや電気伝導

我々の身体をかたち作るほとんどのアミノ酸は左手であることが知られています。これをホモキラリティと呼びます。同じ組成であるにも関わらず、左手と右手の分子（エナンチオマー）を識別することは、生命というシステムにおいて重要な機能です。それのみならず、製薬や食品製造の現場でも重要な技術です。しかしながら生物学や生化学の分野では、このホモキラリティの起源はいまも謎に包まれています。この観点からも、一見まったく関係のなさそうな磁気カイラル効果が、興味深く受け止められています。

フランスのリッケン（Geert L. J. A. Rikken）らは、天然のカイラル分子に磁場をかけて光を照射しながら化学反応を起こした場合に、一方のカイラル分子が合成されやすいことを実験的に報告しています。地球が大きな磁石という事実からもわかるように、磁場は実は宇宙にはありふれた存在です。もしアミノ酸や糖などの生命に必須な分子が形成される環境に磁場が存在すれば、磁気カイラル効果によってホモキラリティが説明できるかもしれません。

本書では光の磁気カイラル効果だけを考えてきましたが、電流の磁気カイラル効果も存在すると考えられています。ある方向からの電流は流れやすいけれど、逆方向からは流れにくいという、磁気カイラル電気伝導が起きても不思議ではありません。このようなふるまいを示す一方向素子は、専門的にはダイオードと呼ばれます。電流に対する「マジックミラー」といってもよいかもしれません。ただし乾電池に豆電球をつないだような直流電気伝導で起こるのではなく、交流の非線形電気伝導においてこのようなことが起こるとされています。ビスマスと呼ばれる半金属のワイヤをひねって作ったらせん構造や、炭素ナノチューブやマンガン化合物などでは実験的に報告されています。メタマテリアルを用いることで、この磁気カイラル電気伝導を大きくできるかもしれません。このように、磁気カイラル効果は物理学の中でも光学だけでなく電気伝導でも、さらに物理学以外にも化学や生物学の分野においても大変興味深い現象です。

11・10　魔法の鏡と光にとっての「磁場」

より基礎的な興味に進みましょう。磁気カイラル効果は、表と裏とで見え方が異なるという、まさにマジックミラーのような現象です。このように光の伝わる向きによって様子が異なるという現象は、想像力を働かせて発想を飛躍させると、光にとっての「ポテンシャル」が向きによって異なるといえます。跳び箱の高さが飛ぶ方向によって異なるイメージです。方向をもつという意味ではベクトルの性質をもったポテンシャルだともいえます。この着想から、不均一な磁気カイラル媒質を用いることで、光に対する「磁場」のような状況を作り出すことができるのです。

光に対する磁場といっても、「光自体が振動磁場をもってるのでは」と思われるかもしれませんが、ここではそういう意味ではありません。光が進む経路を辿ったときに、経路が曲がるとそこには何らかの力が働いたと考えることができます。第10章で屈折現象を、力学で撃力が働いた場合とのアナロジーで考えた要領です。つまり、1・5節の図1・11(b) に示すような不均一な磁気カイラル媒質の場合には、あたかも磁場中でのローレンツ力を受けているかのように光が曲げられるのです。磁場の中で電子に働くローレンツ力は古くから知られていましたが、磁気カイラル効果を用いることで光が同じようなふるまいをすることがわかったのは二一世紀になってです。磁気カイラル効果は、光と電子（光学と力学）のアナロジーにおいて興味深い側面をもっているといえるでしょう。

このように、対称性を破るなどして光の位相情報に変調を与えることで、あたかも「磁場」を感じたかのように光を曲げることができます。この考え方はさらに一般化して、位相を変調させることと、実効的な磁場との関係性を定式化することが可能です。これが次の最終章で説明する、ベリー位相と関わってきます。我々の今回の物語もようやく終わりに近づいてきました。

第12章 光のベリー位相理論

ここまでは磁気カイラルメタマテリアルを用いれば、光を曲げる「磁場」のようなものが実現できるかもしれない、という話しをしてきました。その実効的に「磁場」と考えられるようなものは、ベリー位相理論という枠組みで記述できます。そこで本書のしめくくりとして本章では、物理のさまざまな分野で重要な役割を果たしている、ベリー位相について解説します。

12・1 腕とタオルをねじってみる

ベリー位相は、英国の物理学者ベリー（Michael V. Berry）が指摘したことから名前がついています。ベリー位相は、波を表すための何らかの変数がゆっくり変化して、一周してまた元に戻ったときに、波の様子を表す波動関数につく位相の一種です。波動関数とは、波動が存在する確率密度を表す関数です。少し抽象的すぎるかもしれません。変数が元に戻ったら、関数も元に戻るのが普通に思えますが、もしそうでなかったらおもしろいのです。

ひと口にベリー位相といっても、ベリーの論文による以前から似たような議論があったり、あるいは分野や題材によって呼び方が違ったりします。しかしここでは用語の細かいことは気にしないことにします。また、これからいくつか現象の例を挙げますが、必ずしもベリー位相として考える必要はなく、あくまでひとつの視点に過ぎないことにも注意しておきます。そこで波動関数に関する考察をする前に、身の回りの現象を例にとって、「一周しても元に戻らない」ということについて理解を深めることにしましょう。

手の平を使った実演を考えてみます。いま、**図12・1**のように、右手の上にコーヒーカップを載せます。落とさないように、左回りに一回転させてみましょう。すると、右腕がねじれるはずです（写真5）。ねじれてしまうのは、腕が肩にくっついていることと関係しています。では、さらにもう一回転させたらどうなるでしょうか。残念ながら腕をそこまでねじることはできないので、ちょっとごまかして、手の平を左に一回転するとどうなるでしょうか（写真6）。今度はやや大回りなるものの、最初の状態に戻るはずです（写真8）。なにかだまされた気分になります。手の平に着目すれば、一回転しても元には戻らず、二回転すると元に戻るという不思議な結果になりました。つまりは、何もしないゼロ回転と二回転した場合が実は同じ状態で、一回転だとそれらとは違った状態なわけです。もっと一般には、偶数回の回転を施した場合と、奇数回の回転の場合とで分類できることになります。ただ、この例は二回転する際に手が頭の近くを通ったりするために、一回転目と二回転目では違うことをしている気分になってしまいます。

もうひとつの例として、**図12・2**にあるようなリボンを使った実演を考えてみます。一五センチメートルくらいの長さの帯状に切ったリボンを準備しましょう。まず、リボンの端の片方をテープで壁に固定します。もう片方の端を指でつまんで、右回転にねじります。半回転、一回転、一回転半、二回転と、七二〇度ねじってみましょう。かなりぐるぐる巻きの状態になるはずです。そして、つまんでいる端の向きを変えずに、今度はリボンの回りを二回転してみます。少しわかりにくいかもしれませんが、一度は手で持ち替えながらリボンの上側からひと回りするかんじです。すると、ねじったところがスルスルとほどけて、もとの何もしていない状態に戻ります。

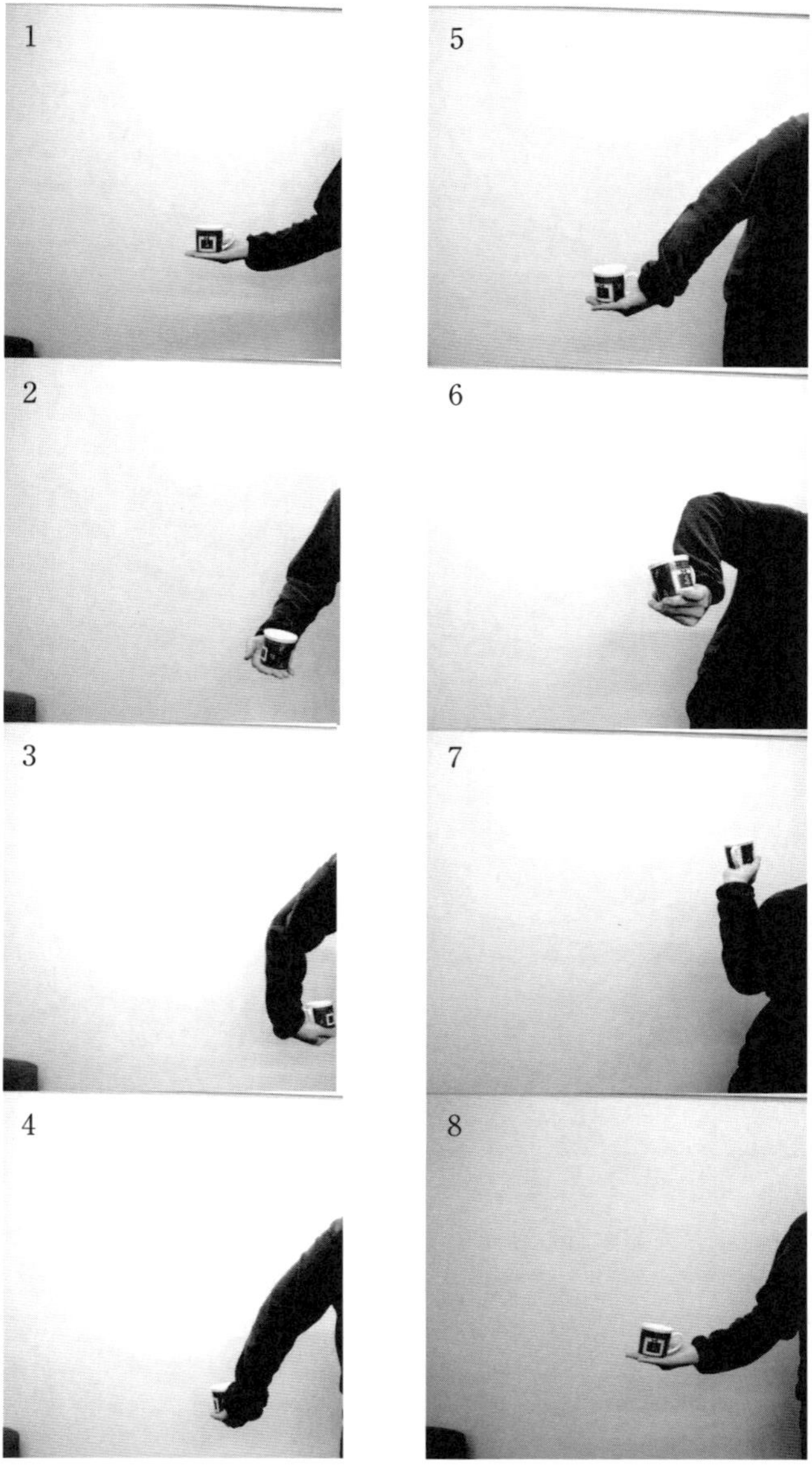

図 12.1 手の平にカップを乗せて、回転させる。

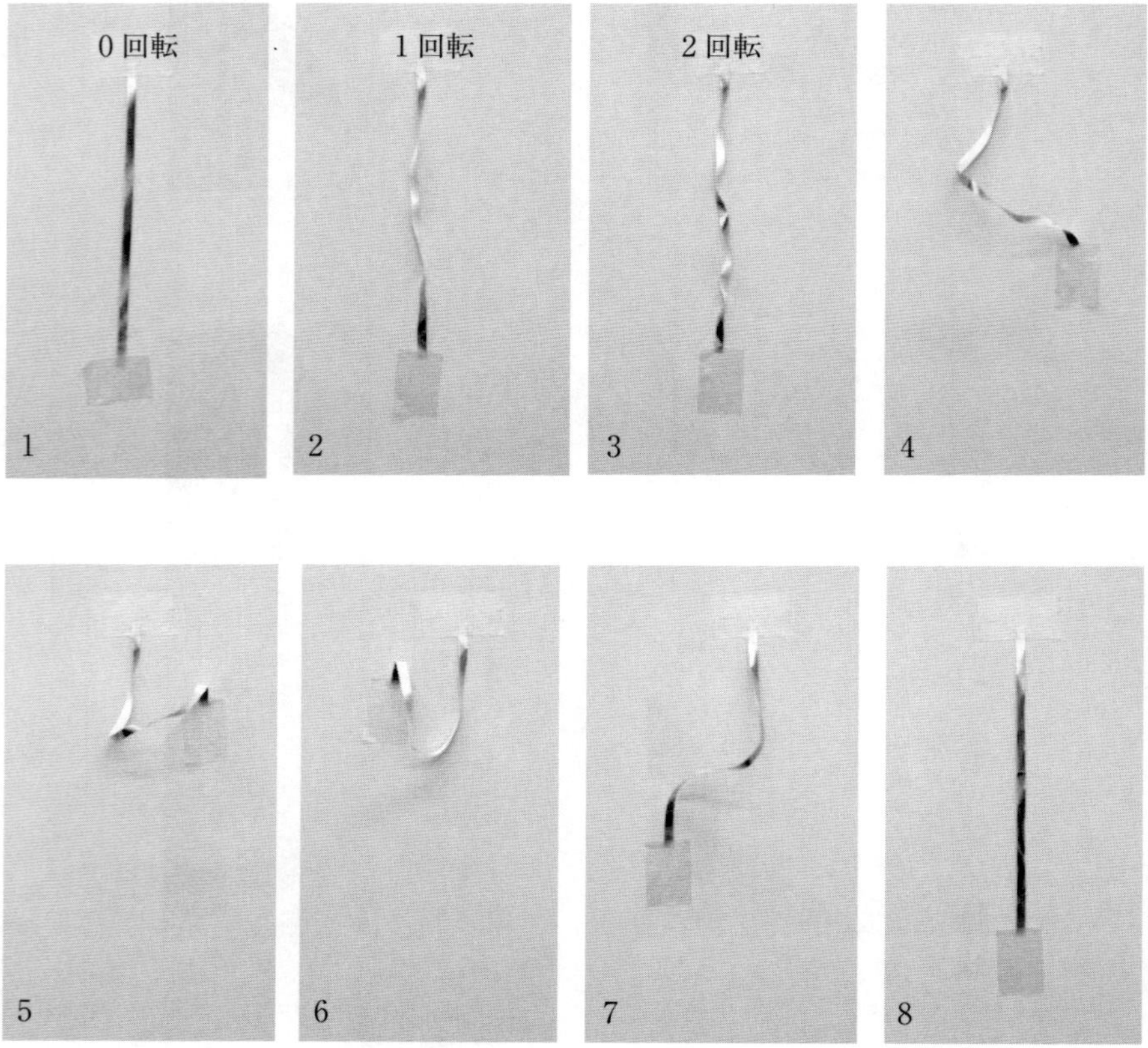

図 12.2　片方を固定したリボンをねじる。ある変形をゆるせば、回転する回数が偶数どうしは等価、奇数どうしは等価になり、奇偶で分類される。

ここで大事なのは、やはりリボンの周りを二回転するということです。二回転ねじってからリボンの周りで回すと元に戻るのですが、一回転だけだと元には戻りません。またまたキツネにつままれたような気分になります。

このように身近にも、一周しても元に戻らない例を見出すことができます。そして、おそらく大なり小なり不思議に感じるはずです。いまは、一周では元に戻らないものの、二周すると元に戻る例を考えましたが、一般には元に戻るとは限りません。ここで大事なのは、腕を回すにしてもリボンを回すにしても、片方が固定されているという点です。腕の場合は肩が固定されていますし、リボンの場合は片方を固定していました。もし固定されずに自由であれば、一周してもただ元に戻るだけで、何ら不思議なことにはなりません。固定されている状況の下で、手を回したりというちょっと無茶なことをすることで、おもしろい結果になっているわけです。このように、固定されていたりするような条件を、専門用語では拘束条件といいます。

この章で紹介したいベリー位相は、こうした考え方を波動現象を舞台として考えてみようというお話です。以下では、用語は専門的になりますが、イメージとしては腕やリボンのような例を念頭に置かれるとよいです。

12・2 電子のベリー位相

ではまず、電子に対するベリー位相を考えてみます。量子力学によれば、電子は波としても振る舞い、波動関数で表すことができます。波動関数で記述する際に大切なのが、複素関数の大きさ（自分自身との内積）が1になるようにすることです。これを規格化といいます。この規格化が、前節の身近な例で示したような、拘束条件の役割を果たします。こうして拘束条件は自然に準備できるのはよしとして、何より大事なのは当然ながら舞台設定です。やりたいことは、手を回してみたような例ですから、波動関数であっても何らかの意味で回すというような操作が必要です。そうした状況を表すモデルとして、最も単純だと思われるのが二状態系と呼ばれるものです。二状態系とは、文字通り状態が二つある系のことで、単に二つあるだけでなくそれらが互いに行き来しているような系です。どうしていきなり二つの状態を考えるのかというと、状態がひとつしかない一状態系だと、すでに問題として解けてしまっていて、元も子もなく、考察のしようがないからです。

二状態系では、二つの状態の間のやりとりが大切です。やりとりがまったくなければ、一状態系が独立にただ二つそこにあるというだけであまり意味がありません。いま、そのやりとりを変数だとみて、ゆっくり変化していく状況を考えてみます。変化の仕方は、ぐるっと二次元的に回るようなものであって、単に一次元的に行って帰ってくるだけではないものとします。こういう場合にベリー位相が出てきます。

たとえば、変数として圧力と電場という二つを考えてみましょう。仮に圧力と電場に依存するような波動関数があったとします。まず電場ゼロの状態から始めるとします。そこから圧力を上げて、次に電場を印加します。その後で、圧力をもとの値まで下げて、そして電場をゼロにします。このように、ただ単に一変数で行って戻るのではなく、二変数あるいは二次元的にぐるっとまわってくるという状況です。このときに、波動関数は元には戻らずに、ベリー位相という位相がつくことがあります。

変数が元に戻っても波動関数に位相がつくというだけでも十分おもしろいのですが、ベリー位相の興味深いところは、数学における幾何学との結びつきにもあります。幾何学が関わってくるというのは、手を回したり、リボンをねじったりしたことから少し想像がつくかもしれません。これらを実演したときには、腕が自由にどうにでも回せるのではないことが大事で、腕が身体に固定されているという拘束条件が重要だと述べました。このように、自由な空間に制限がついている状況を、また別の身近な例で考えてみましょう。

12・3 地球は丸かった

たとえば学校のグラウンドのような広い場所で走り回ることを想像してみます。グラウンドに障害物も何もなければ、自由に真っ直ぐ走っていくことができます。しかし、もし走れるコースが決まっていれば、当然ながらコース以外の場所を走ることはできません。二次元のグラウンドにある周回コースは一般には曲線であり、曲線上を走るということが拘束条件です。陸上競技の中長距離種目で、トラックをぐるぐる回りながら走るとき、走っている本人としては自分の意志で曲がっています。しかし、あくまでぐるぐる回っているという現象だとオイラー流に外から見ると、走者はトラックの中心方向への力を受けて、曲げられていると解釈することもできます。つまり、走る軌道が決まっているという拘束条件は、何の制約もない条件と比較すれば、あたかもその軌道に乗せる力が働く、とみなせます。

次に、三次元の場合の拘束条件の例として、私たちが住んでいる地球を想像してみましょう。地球は宇宙にあるわけです。私たちは宇宙空間を自由にさまよえるわけではなく、地球上で地に足をつけて生きています。宇宙を素朴に三次元空間だと思えば、私たちは三次元で自由に動けるわけではなく、地球上といういわば曲面の上で暮らしているとみなせます。このように、二次元や三次元で拘束条件がつくと、それはそれぞれ一次元低い曲線や曲面として表されます。曲線や曲面だったら何がおもしろいかというと、文字通り曲がっていることです。ただ単に曲がっていておもしろいというわけではなく、場所ごとにその周りを見てみれば、真っ直ぐ、あるいは平坦に見えたりするということが大事になってきます。わかりにくいかと思いますので、再び地球上での私たちの生活を例として、もう少し詳しくみていくことにしましょう。

日々の暮らしの中で、地球が丸いということを意識することはほとんどありません。人間の目で見渡せるくらいの広さを考えますと、おおまかには平らに見えます。山や谷があったりするのはもちろんですが、そういう凹凸があったとしてもひたすら真っ直ぐ進んでいって、四万キロメートルくらい進めばまた元の場所に戻って来るとは、景色を眺めている限りでは考えにくいものです。言い方を変えますと、私たちの生活は自分たちの身の回りだけを見ている分にはその場その場で平面のように考えていいけれども、そうはいっても平面が続いているわけではなく、実は少しずつ曲がっていってて、地球全体としてみると球面のようになっているわけです。

12・4　続・地図を読む

あるいは、地図で考えてみるのもわかりやすいかと思います。自分の住んでいる市町村を地図で表すと、普通は平面です。山やら川やら建物やらを三次元的に表すことはもちろんありますが、地球の丸さまで表すことはありません。もっと視野を広げて日本地図を考えてみても、まだそれでも地球が丸いことは取り入れなくてもほぼ差し支えありません。しかし、世界全体の文字通りグローバルな地図となるとそうはいきません。世界地図を一枚の四角い平らな紙に描くことはできません。世界全体を描こうとすると、場所によって縮尺を変えなくてはいけなかったり、あるいは南極や北極の近くが途切れ途切れになったりします。

ここで大切なのは、世界地図だからといって日本が真ん中にあるとは限らないことです（図2・1参照）。どこの国を真ん中にするかによって、縮尺のつけ方も変わります。または、北半球の国なら上が北で、南半球の国なら上が南を表すのが普通ですが、何も北と南を上下にする必要もないわけで、どちらを見ていても本質的には変わらないわけです。

もうひとつ大事なことは、世界地図には図法が何通りもあるということです。メルカトル図法（Gerardus

Mercator, 一五一二～一五九四年）や正距方位図法などが有名です。図法には、地球が丸いことを平面で表そうとするときの先人による工夫が現れていて、どれが便利かは使い道によります。このように、地図にも縮尺やら図法やらいろいろな種類があるわけですが、どの地図を使ったとしても、正しく表してさえいれば本質的には地球を表すという意味では同じです。同じ地球を表すにも、さまざまなやり方があるというのは、専門用語でいえばゲージ変換と呼ばれるものへとつながる大切なことです。ここでの「ゲージ」とは、ものさしを意味します。理論物理ではものさしの概念を抽象化したような意味で使われます。

平らな面なのか、地球のような曲面なのかで事情が異なるものとしてわかりやすい例が、最短経路です。**図12・3**（a）のように、ある地点Pから異なる地点Qまでの距離を測るときに、平らな面の上であればただ単に線分で結べばいいだけですが、曲がった面だとそうはいきません。曲がっている面に沿っての移動ですから、線分といってもどうしても曲がってしまいます。このことは、地図でいうと、最短経路とはいわないまでも短くなる経路という意味では、たとえば飛行機でヨーロッパから日本に飛ぶ航路を考えるとよいでしょう。メルカトル図法で見てみると、地図上では直線にはなっておらず、もっと北のシベリアの方を回るような曲線になっています。そういう絵をみると感覚的には遠回りに思えま

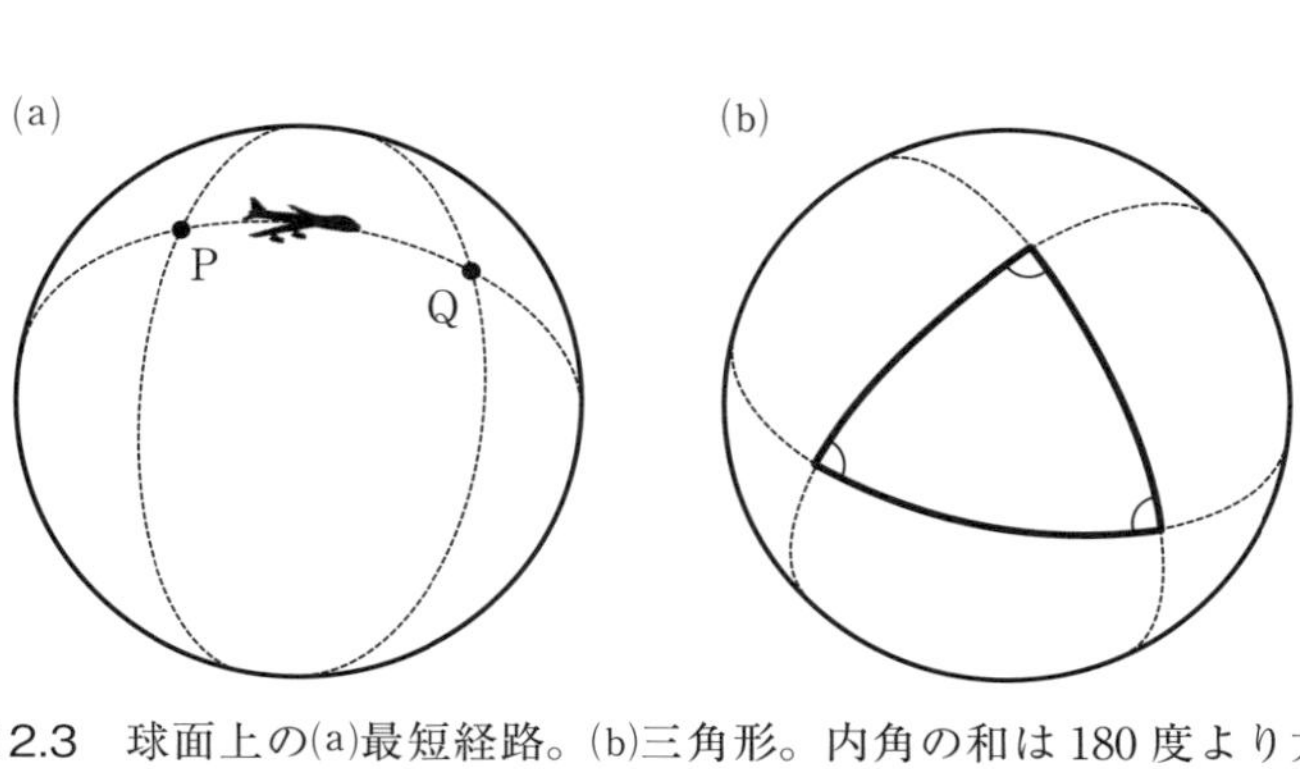

図 12.3　球面上の(a)最短経路。(b)三角形。内角の和は 180 度より大きくなる。

すが、実際に地球儀などで見てみると、むしろシベリアを回る方が近いことがわかったりします。

ところで、このような最短経路に似た話は、本書では第10章で、光の進む経路の話題として出てきました。フェルマーの原理に従い光の経路は、二点を最短の時間で結ぶ曲線として表されました。長さが最短なのか、時間が最短なのかという違いがありますが、実は光にとっては同じことで、屈折現象でも光からみた最短経路が選ばれているといえます。つまりは、屈折のように光が曲がるということは、光にとっては空間が曲がってるかのように見えている、と解釈することができます。この考え方をさらに発展させることで、メタマテリアルでは変換光学と呼ばれる分野が発達し、第9章に登場した隠れ蓑などの現象が予言されました。

ほかに曲がっているのか平らなのかで異なるものとしておもしろい例は、三角形の角度です。三角形の内角の和は一八〇度だというのはよく知られている話ですが、それはあくまで平らな面の上での話です。図12・3（b）のように曲面の上で三角形を描こうとすると、本来なら真っ直ぐな線分として描きたいところが曲面に沿って曲げられてしまいます。その結果として、たとえばまん丸い球面の上での三角形は、内角の和は一八〇度よりも大きくなります。これはミカンの皮をむいて実際に測ってみることでもわかります。また、馬の鞍《くら》のような曲面の上で三角形を描くと、内角の和が一八〇度よりは小さくなることがわかります。このようにして、曲がった面の上で起こる物事は、普段の感覚とは異なっておもしろいわけです。あるいは、言い方を変えて、曲がった面での話を平面に押し込もうとすると、どこかで無理が生じて、地球の地図で見たようなことが起こります。

12・5　幾何学とベリー位相の結びつき

ベリー位相を考えるには、ただ単に曲がっているというだけでは足りません。曲面があるだけでなく、その上を移動させる必要があります。ここで例として、自分が広い土地に立っていることを想像してみましょう。そして、顔の向きは変えずに移動する、という拘束条件をつけます。前に進むときは単に歩くだけでいいですが、横に行くときは顔の向きは変えませんのでカニ歩きのようになります。そこで、次のような経路で動くことを考えてみます。立ち止まっているところから、まずは前に進み、そこから直角に左に進んで、次に後ろに進んで、最後に右に進みます。ただし、あくまで顔の向きは変えずにそのままで、横に進むときはカニ歩きで、後ろに進むときは気をつけながらです。いま立っている土地が平坦であれば、こうして一周するとただ単に元に戻るだけです。

しかし、図12・4(a)のように、もし土地が山のように盛り上がっていって曲がっていったらどうでしょうか。地面が曲がっている場合には、真っ直ぐ移動するという考え方には注意が必要です。曲面に沿って進むことになるので、本人は真っ直ぐ前を向いて進んでいるつもりでも、曲面の曲がり具合によって否応なしに曲げられてしまうわけです。したがって、さきほどの平坦な土地と同じように、顔の向き（図12・4aの白矢印）は真っ直ぐ前を向いたまま変えないように前に進んで、左に進んで、後ろに進んで元の位置に戻ったら、

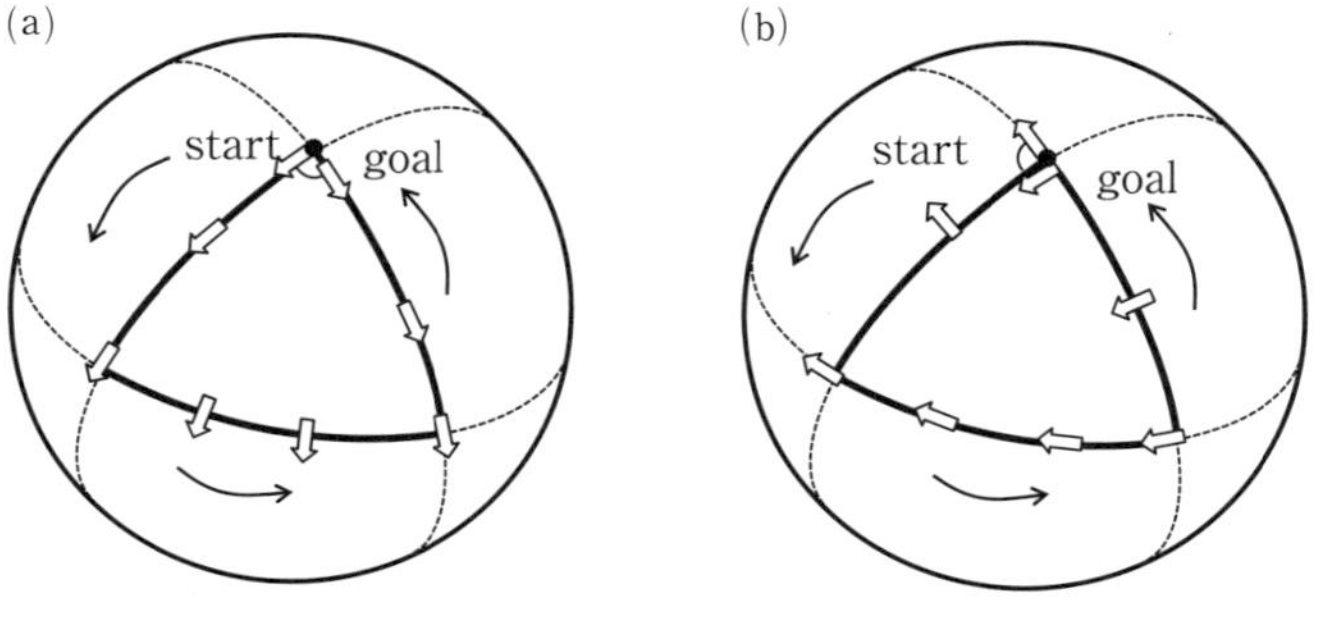

図 12.4　球面上の平行移動。(a)白矢印が曲面上を１周すると角度が変わる。(b)出発するベクトルの向きを変えた場合。１周したときの角度変化は(a)の場合と等しくなる。

最初とは顔の向きが変わってしまいます。

このとき、どれだけ最初と向きが異なるかが、一周した経路の内側でどれだけ曲面が曲がっているかと関係します。ここがおもしろいところで、自分としては顔の向きは変えてないつもりなのに、曲がったところを移動するといつの間にか変化してしまうわけです。向きを変えないということは、平行に歩いているということです。平行に移動しているにも関わらず、曲面の上でぐるっと一周すると、向きが変わってしまうのです。普通は、平行なものどうしは交わらないと思うわけですが、曲がった面の上では移動しているうちに交わりうるわけです。しかも、それが起こるのは何も特別な世界の話ではなく、まさに私たちが住んでいる地球上で起こる話なのです。

ちなみに、今度は顔を真っ直ぐ前からずらして、少し横を向いたとします（図12・4b）。ずっと横を向いたまま同様に移動すると、曲面の上をぐるっと一周した後にはやはり向きが変わってしまいます。このとき、向きが変わった角度は、真っ直ぐ前を向いたまま移動した場合と同じです。このように、その場その場では向いている向きは異なっていても、ぐるっと一周したときに変化した量は変わらないのは、ものさしの向きを変えても現象は不変であるという点で、専門的にはゲージ不変であることの現れです。

曲線や曲面などの曲がったところの細かい様子を調べるのは、数学では微分幾何学という分野です。一方で、いま見てきたように曲面の上を移動して戻ってきたときの変化、という全体的な図形の様子を考えるのは、数学では7・5節で述べた位相幾何学（トポロジー）と呼ばれる分野に関係します。ベリー位相は、こうした数学の分野と関連しているという点でも注目されていて、専門的にいえば拘束条件の下での波動関数の変化による位相です。しかし、感覚的にはこのように曲がった面の上での平行移動という考え方を抽象化したようなものです。

12・6 ベリー位相と磁気

数学との関係だけでなく、ベリー位相は物理としてもとても興味深い内容を含んでいます。数式の上では磁気単極子と関係するのです。磁気単極子は、3・2節の電磁気学の説明でも述べたように、自然界には存在していません。しかし、それはあくまで我々がふだん認識している、三次元の空間（実空間と呼びます）での話です。数式の力を借りると磁気単極子という概念を一般の変数の場合に拡張することができます。前に述べた例でいうと、圧力と電場を変数にもつような仮想的な空間を考えると、その仮想空間では磁気単極子が存在しうるのです。ベリー位相は、その仮想的な磁気単極子から放出されている仮想的な磁束による位相だ、という解釈ができます。

話が難しくなったので、再びたとえ話に戻します。いま仮想空間といいましたが、仮想的（ヴァーチャル）なものを考えるのことは大切です。これもまさに地球と地図との関係のようなものです。丸い地球上の話を平らな地図で表そうとすると、どこかに無理が生じました。じゃあ丸い球面を考えていればいいかというと、そうはいってもやはり平らな地図も便利なわけです。それらをどうすり合わせるかのひとつの方法として、平らな地図で考えておきながらも、本当は地球は丸いという効果を仮想的に別の形で取り入れることがあります。

さきほどの平行移動の例についていうと、地球という曲面の上を平行移動すると、実質的には向きが変わります。それを平らな地図で表すには、向きを変えないといけない以上は平行移動ではなくなります。これを、力が働いているために平らな地図上でも向きが変わる、と仮想的に考えることもできます。つまり、地図になってしまうと平らだとしても、もともとは曲がっていたんだという名残りとして力が働いている、とみなすわけです。これを表したのが**図12・5**です。球面が曲がっていることで、ベクトルが平行移動すると角度が変わるわけです（図12・5 a）。この角度は、図12・5（b）のように仮想的な磁気単極子がある空間に存在する平面で荷電粒子が一周するときに、磁場の影響で獲得する位相と等しくなります。球面のような曲面に拘束された条件下での現象は、平面での現象にそのまま置き換えることはできないものの、仮想的な場を伴うことでそれが実現できるわけです。

ともあれ興味深いのは、いままで磁気とはまったく関係ない文脈で話をしていたのに、思いもよらぬところから磁気単極子という磁気の概念と結びついたことです。ベリー位相が非常に多くの研究者の興味の的となっている理由のひとつがこの応用範囲の広さにあります。また、磁気単極子と結びついたというだけでも興味深い話ですが、やはり第3章などでも述べたように、磁気と名前のつく現象は不思議であることもおもしろい点です。この意味では、磁気にまつわる現象は、不思議な現象の代名詞のように扱われていることが見て取れるわけです。日常の文章でも、「まるで磁場に吸い寄せられるかのように、あのレストランにはお客が来る」などといったりします。この文章は、物理的にみるとおもしろくて、お客さんが磁気単極子なのだなと考えられます。そうでなければ、磁場が引力をもたらすわけではありませんので。それはともかく、単に吸い寄せ

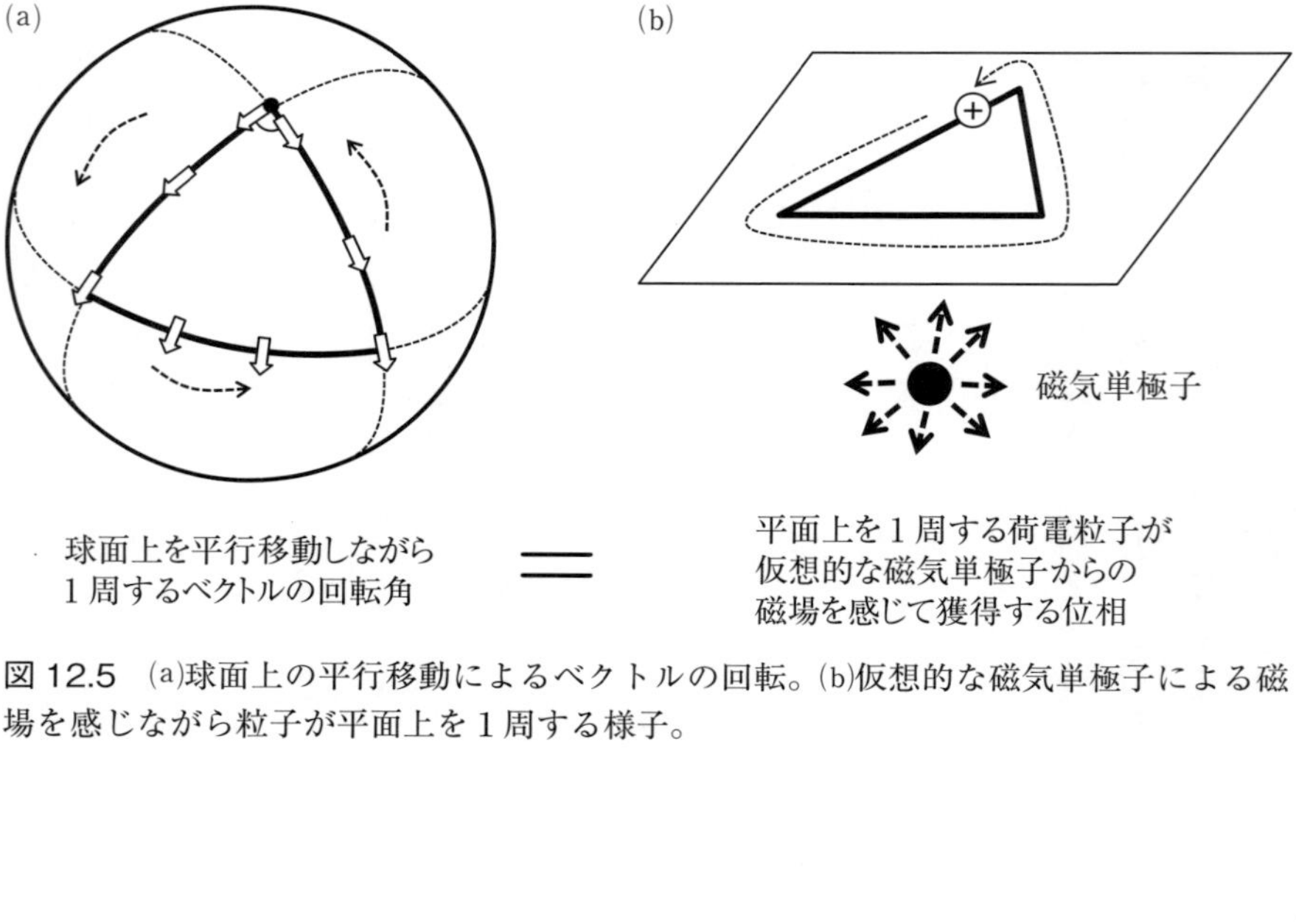

図 12.5　(a)球面上の平行移動によるベクトルの回転。(b)仮想的な磁気単極子による磁場を感じながら粒子が平面上を1周する様子。

られるといわれるよりは、磁場という言葉を足すことによって神秘的な印象が付け加わるように、少なくとも筆者らには、感じられます。

さてここまで電子の話と断わっておきながらも、実は波動関数といっているだけで、電子そのものはあからさまには出てきていません。数式を使わずに言葉だけで説明しているから当然だともいえますが、それだけ普遍性がある題材だということです。それでは次は光の場合を考えることにしましょう。

12・7 光ファイバーでの偏光回転

光は質量をもちません。そのため通常は、光の電場と磁場は、光の進行方向を向くことができません。このことは、光は横波であるということで第11章で触れました。光の進行方向と電場の向きと磁場の向きは、右手で表せます。ヘリシティの保存という言い方もできます。この保存則が、光の場合の拘束条件の役割を果たします。

では、光の進行方向が徐々に変化していったらどうなるかを考えてみることにします。光の進む向きがどうあれ、電場と磁場はいつも進む向きに垂直ですから、進む向きが変わると電場と磁場の向きも変わらざるをえません。実際に自分の右手でやってみるとわかりやすいかと思います。図6・5のようにして右手の人差し指の向きを変えていくと、親指と中指の向きも変わります。そこで、光ファイバーで光の軌道をねじってみるとどうなるでしょうか。図12・6（a）に示すように、ねじる前と後では、光の進行方向は同じです。しかし、右手で実演してみるとわかるように、偏光の向き（白矢印で示す）はねじる前と比べて回転します（図12・6b）。

この現象は、自分の手で実験できるほど単純ではあるのですが、理論的にはベリー位相としても説明することができます。ヘリシティが保存するという式を書きますと、実は二状態系の形で書くことができます。いま、図

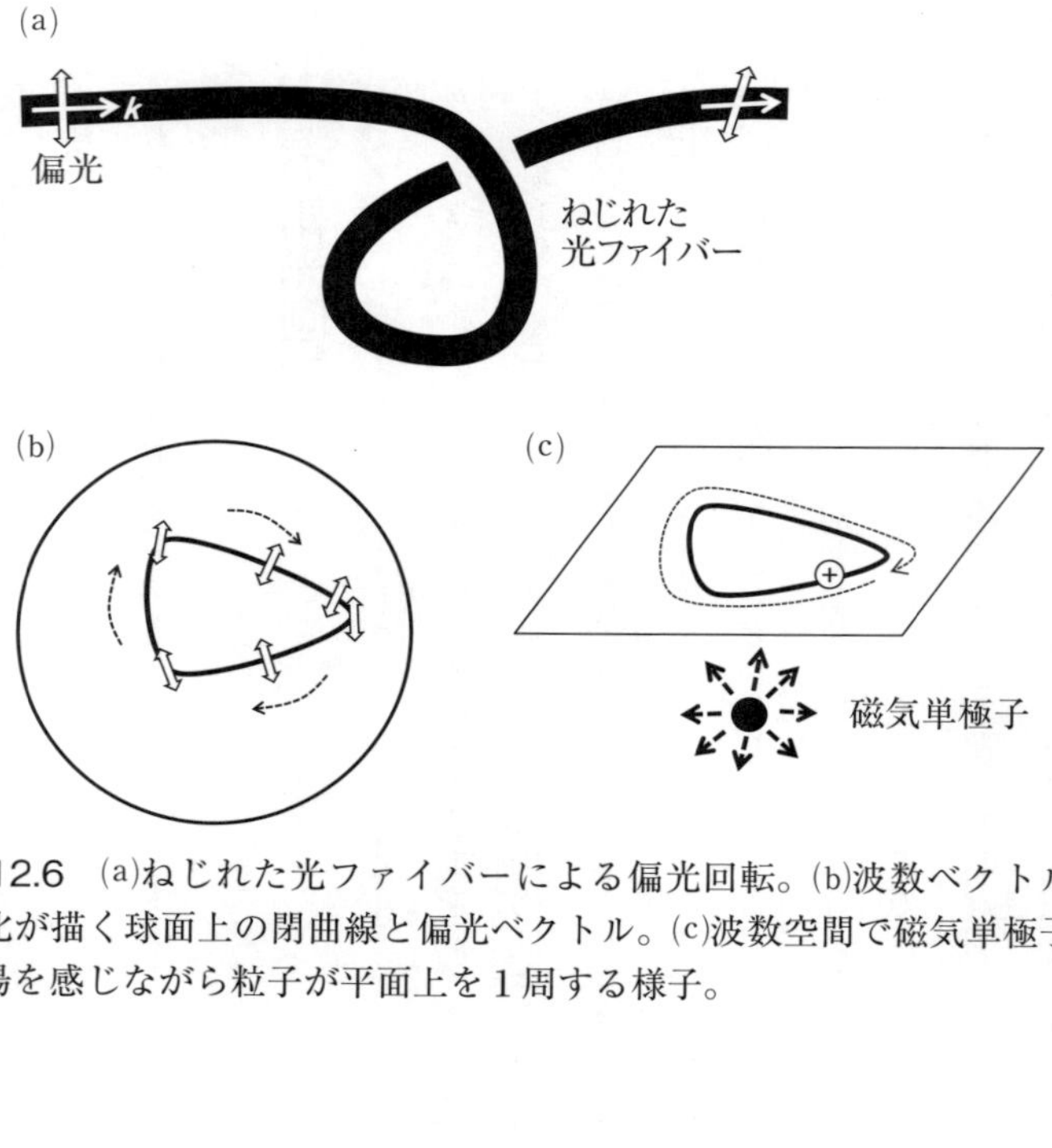

図 12.6　(a)ねじれた光ファイバーによる偏光回転。(b)波数ベクトルの変化が描く球面上の閉曲線と偏光ベクトル。(c)波数空間で磁気単極子の磁場を感じながら粒子が平面上を１周する様子。

12・6（c）で波数ベクトルの三つの成分を座標とみなした「波数空間」を考えると、その原点に磁気単極子があるという状況になっています。波数ベクトルがある向きから始まって、ねじることでぐるっと回って元に戻ると、その状態は原点の磁気単極子からの仮想磁束を感じることになって、ベリー位相を獲得します。このベリー位相の値が、偏光の回転角と対応しているのです。

また、ベリー位相のほかにも、この現象を通じて光の性質の新たな側面をみることができます。光は質量がゼロなので、そのもの自体が相対論的存在でありスピン軌道相互作用が大きい極限だと解釈してみるのもおもしろいです。実際、第11章でみたように光のスピンは偏光状態のことで、偏光は進行方向に垂直ですので、進む向きが軌道だと思えば、まさにスピンと軌道との結合が強い極限だと考えることができます。そのような状況で、光ファイバーによって光の軌道を曲げることで、スピン状態である偏光も変化する、という解釈ができます。

同様に電子でのスピンと軌道の相互作用も、ベリー位相に関連させることができます。スピン軌道相互作用は、相対論的量子力学のディラック方程式から導くことができます。ディラック方程式の記述する電子と陽電子の組み合わせから、電子だけに着目すると、その条件が拘束条件としての役目を果たすことになり、波動関数を微分して得られるベリー接続としてスピン軌道相互作用を導出することもできます。

12・8 光の伝搬におけるベリー位相

そして光が曲がったりする現象も、ベリー位相と関係してきます。突然ですが、外で散歩をしていることを想像してみましょう。景色を見たりしながら道を歩いていると、歩いた分だけ先に進みます。遠くまで行けばいくほど、時間も経ちます。つまり、歩いて進んでいる限りでは、場所が移れば時間も経つし、時間が経てば場所も移ります。また、散歩しているときは、ただひたすら真っ直ぐ進むということはなく、花を見るために足を止め、鳥の声を聴くために森に入り、お茶をするためにベンチに腰掛ける、そのたびに進む向きも変わります。これらのことを言い換えると、場所が移ることと、時間が経つことと、進む向きを変えることは、切り離せない関係にあるといえるわけです。

自分で散歩をしている場合は、歩いて行けば景色が変わっていくのは当たり前ではあります。ここで仮想的に、自分はその場で足踏みしているだけで周りに映しだされる景色が時間とともに変わっていくと考えても、目に見える景色としては歩いている時と同様の変化が得られます。ややこしい話になってしまいましたが、ともあれ場所の変化と時間の経過と進む向きの変化は、互いに区別できないという事態がありえるわけです。こうした二つ以上のものが区別できない状況は、本書でも何度かでてきました。このことがベリー位相の説明で述べた仮想的な磁気単極子が現れることと関係してきます。

光が伝搬していく様子を記述するに当たって、粒子の古典力学とのアナロジーを念頭におくと、直感的にわかりやすくなります。そのために、光の伝搬に関する運動方程式を立てると見通しがよくなります。運動方程式というと古典力学でのニュートンの運動方程式のことを指すことが多く、光の運動方程式といわれてもピンとこないかもしれません。そもそも光は波であって、波動方程式にしたがいます。しかし、光を重ね合わせることで波束を作り、その波束をあたかも粒子のようにして思って運動方程式を作ることができます。

このアプローチは、幾何光学と呼ばれる手法を一般化したようなもので、幾何光学と波動光学の間に位置するような考え方です。すると、おもしろい結果が得られます。いまの考え方では、自分が光の波束に乗って一緒に移動しているような、ラグランジュ流の立場をとります（2・5節参照）。すると、まさにさきほどの外を散歩するというたとえ話と同じような状況になって、場所を移動しているのか、進む向きが変わっているのか、時間が経過しているのか、という三つが必ずしも分けられないということになります。このとき、場所を表す実空間の三次元と、進む向きを表す波数空間の三次元と、時刻の一次元で、合計七次元の空間として考えると、光にとってはそれぞれの次元がまったく別ということではなく、互いに関係して見えているわけです。

12・9 波束の運動方程式

ここで運動方程式を具体的に書き下すことはせずに、理論的な側面から、波束のふるまいの雰囲気と物理的意味を説明します。運動方程式というと、古典力学でのニュートンの運動方程式が思い浮かびます。古典力学において現象を理解するうえでのひとつの目標は、ある時刻での位置を決めることです。たとえばボールを投げ上げた時、何秒後にどの高さにあるか、などはおなじみの問題です。つまり位置を時間の関数として解くことであり、運動方程式もまさに位置と時間に関する微分方程式となっています。方程式が解けるかどうかは別としても、運動方程式では、物体に働く力と物体のもつ加速度とが結びつけられており、理解しやすい形になっているという利点があります。

光などの波動を扱っていると、波は広がっていて捉えどころが難しい感覚があります。そこで人間にとって理解しやすい形である質点の運動方程式を、波動現象にも導入できないかという期待が湧きます。そこで、波であってもあたかも粒子のような性質をもたせるために、平面波を重ね合わせて波束を作ればよさそうです（→コラム6・3「波束」）。波束がどう伝搬していくかの方程式を立てると、それが質点の運動方程式と同じような形で記述することができるのです。ただし、質点の運動とは違って、波動の場合には位置と波数（運動量）が同時には決まらないという不確定性があります。それゆえ波束はその不確定性のある範囲で分布をもったものであって、運動方程式はその位置と波数の重心の動きを追跡することになります。するともともとが波だという性質から、波の位相の情報が巡り巡って、重心の運動への力として反映されます。

通常の理論的アプローチでは、媒質やその構造などの舞台設定をしたうえで、マウスウェル方程式を解くのが基本です。こういう物質でこういう構造にすれば光の波動関数はこうなる、という形で理解をすることになります。しかしこの波束の運動方程式での考え方は、いわばその逆を辿ります。そう、ちょうど流体力学でのラグランジュ流の見方のように。何らの波動関数があったときに、その波と一緒に運動している座標系で見ると、構造や物質の変化などの影響が、波束に働く「力」のような形で記述し直すことができます。この仮想的な「力」は、自分がその波になった立場から見たときに感じるものなのです。これはまさにジェットコースターに乗ったときに感じる力と同様のもので、当事者が体感できる「場」によるものなのです。位相を変化させていくという情報が、パラメータ空間での「磁場」のようにして現れるわけです。またしてもいきなり「磁場」が登場です。

12・10　メタマテリアルとベリー位相

磁場によって働く力といえば、磁場中を運動する電子に働くローレンツ力があります。我々からみれば、磁場をかけて電子に力を働かせているという認識かもしれませんが、この現象をラグランジュ流に電子の立場からみるとどうなるでしょうか。電子を擬人化して考えてみましょう。電子からみれば、自身が置かれてる状況が磁場の中だとは必ずしも認識できません。電子は、何の力も働いていなければ等速直線運動をする、つまり真っ直ぐ進めますが、いざ動くと曲げられてしまうわけです。電子にとっては、真っ直ぐ進むつもりでも勝手に曲がるので、空間が曲がってるのだと感じていることになります。空間の曲がり具合は曲率として表されます。すなわち我々が磁場だと思っていても、電子からみれば「電子に作用する実空間のベリー曲率」として感じているのです。ヴァーチャルな磁場、といってもよいでしょう。いまの場合は、ヴァーチャルとはいっても現実の磁場のことですが、磁場でない場であっても、その中に置かれている電子などの立場からみれば、ヴァーチャルに磁場とみなせることがあるのです。日常的には、磁場というとそれ以上でもそれ以下でもなく磁場なのですが、波束の運動方程式を議論するにあたっては実空間だけでなく波数空間と周波数と時間も合わせた空間を考えることになります。その中での普通の磁場は、あくまで数あるベリー曲率のうちの一例でしかないことがわかります。本書では、磁気に関わるさまざまな現象のおもしろさについて触れてきました。そこで触れていたのは、実はごく一部分に過ぎなかったともいえるのです。

ベリー位相の理論の構造を、電磁気学理論と対比させたものを図12・7にまとめます。ここでいう電磁気学は、あくまで電子が感じている電磁場としての理論構造です。この対応関係からわかるように、光の波束の運動方程式では、図12・7（b）でいう変数として、実空間・波数空間・周波数・時間という八次元のパラメータ空間を考えます。光の位相が変化するという事実をこのパラメータ空間に焼き直すと、空間が曲がっていて曲率をもっているとみなすことができて、ベリー曲率という形で書き表されます。特に、波数空間のベリー曲率を積分してベリー位相を求めると、飛び飛びの値をとり、チャーン数と呼ばれる整数で特徴づけられることが知られています。それが数学のトポロジーと関係していて、トポロジカルフォトニクスという分野が発展しました。この分野では、たとえば、試料の端（エッジ）を伝わるエッジ状態と呼ばれるものの本数と関係します。エッジ状態とは端に局在する状態です。これについては次節で詳しく見てゆきます。既存の理論では境界条件の下で微分方程式を解いて解析していたものが、ベリー位相理論によって試料中の波動関数の位相の性質と結び付けられました。そして、理論・実験ともにトポロジカルフォトニクスとしてのメタマテリアルの研究が爆発的に発展しています。

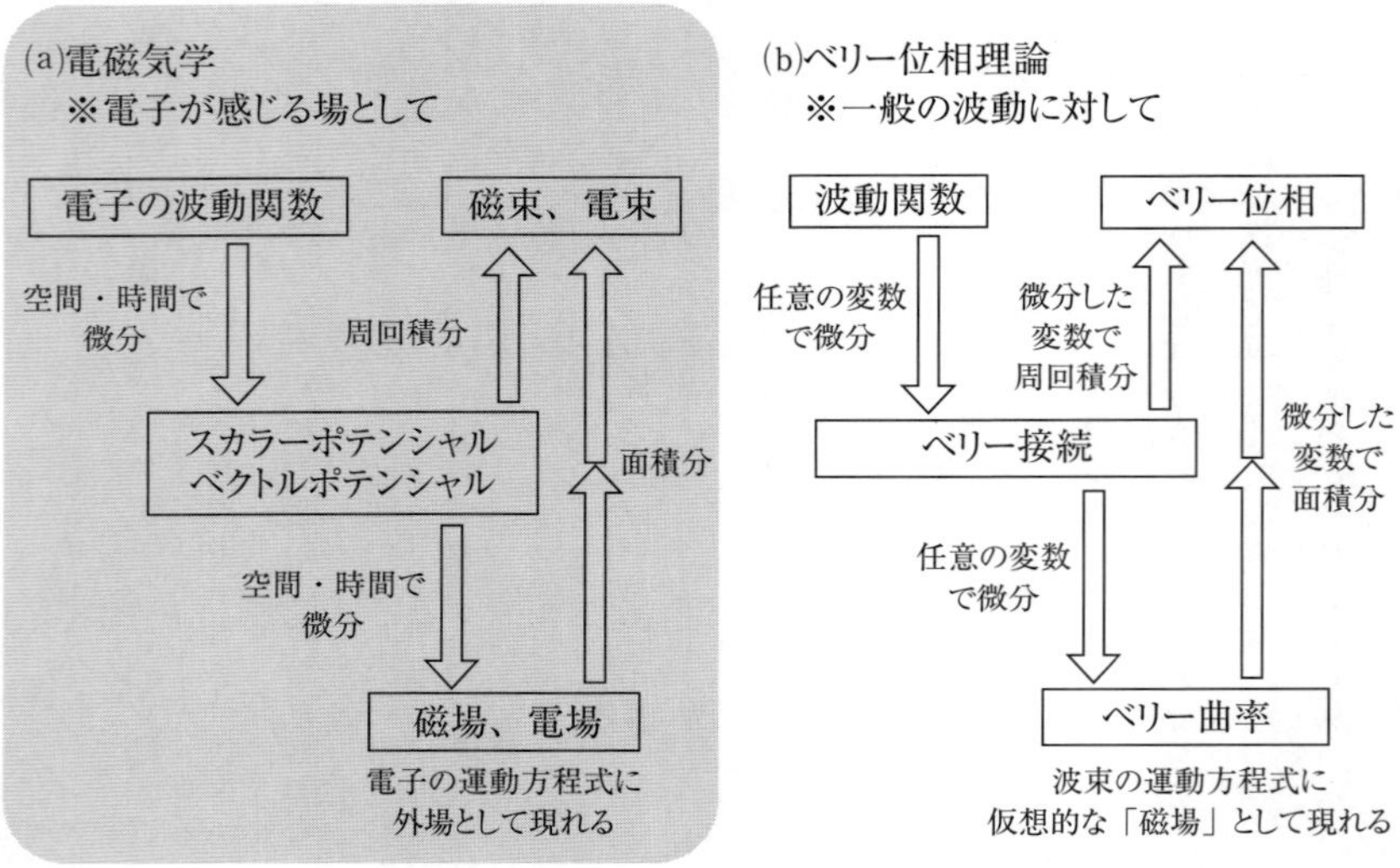

図12.7　電磁気学とベリー位相理論の構造。(a)電子が感じる場としての電磁気学。(b)波動のベリー位相理論。

12・11 エッジ状態とトポロジー

エッジ状態がどうトポロジーと関係するかを考えてみましょう。一般に、n次元系のエッジは、次元がひとつ下がって$n-1$次元系です。三次元系のエッジは二次元系であり、二次元系のエッジは一次元系です。いま、最も単純な一次元系で考えてみます。一次元のエッジ状態はゼロ次元の状態、つまりある点に局在した状態になります。図12・8(a)のようにバネと質点がつながっている一次元系を考えてみましょう。バネの強さは、交互に異なるとして、図ではバネを巻く向きで区別しています。二つのバネの強さの大小関係によって、状態が変わる様子を見てみます。

まず、図12・8(b)のように左から数えて二つ目のバネが弱い極限を考えます。このとき、質点はバネで繋がってるものどうしペアを組みますが、ペアどうしはつながってないので、振動は伝わりません。振動を伝えないことは、物質では電気伝導しないことと対応しますので、このモデルは古くから知られていた普通の絶縁体の状態と対応しています。次に、図12・8(c)のように今度は一つ目のバネが弱い極限を考えてみましょう。この場合は、図に示してあるように、両端の質点が孤立します。その間の質点はバネでつながってるものどうしペアを組みますが、ペアどうしはつながっていないため、振動は伝わりません。つまり、連成バネの両端は孤立して振動できるけれど、その間には振動は伝えられないのでいわば絶縁体になっています。これがトポロジカル絶縁体と対応します。

では、普通の絶縁体のようになるかトポロジカル絶縁体のようになるのかは、この二つの極限の場合だけでしょうか？　そうではありません。その理論では、ベリー位相が重要な役割を果たします。この系の方程式を立てると、実はこれまで述べてきた、パラメータ空間に単極子がある系と同じ形で書くことができて、ベリー位相がゼ

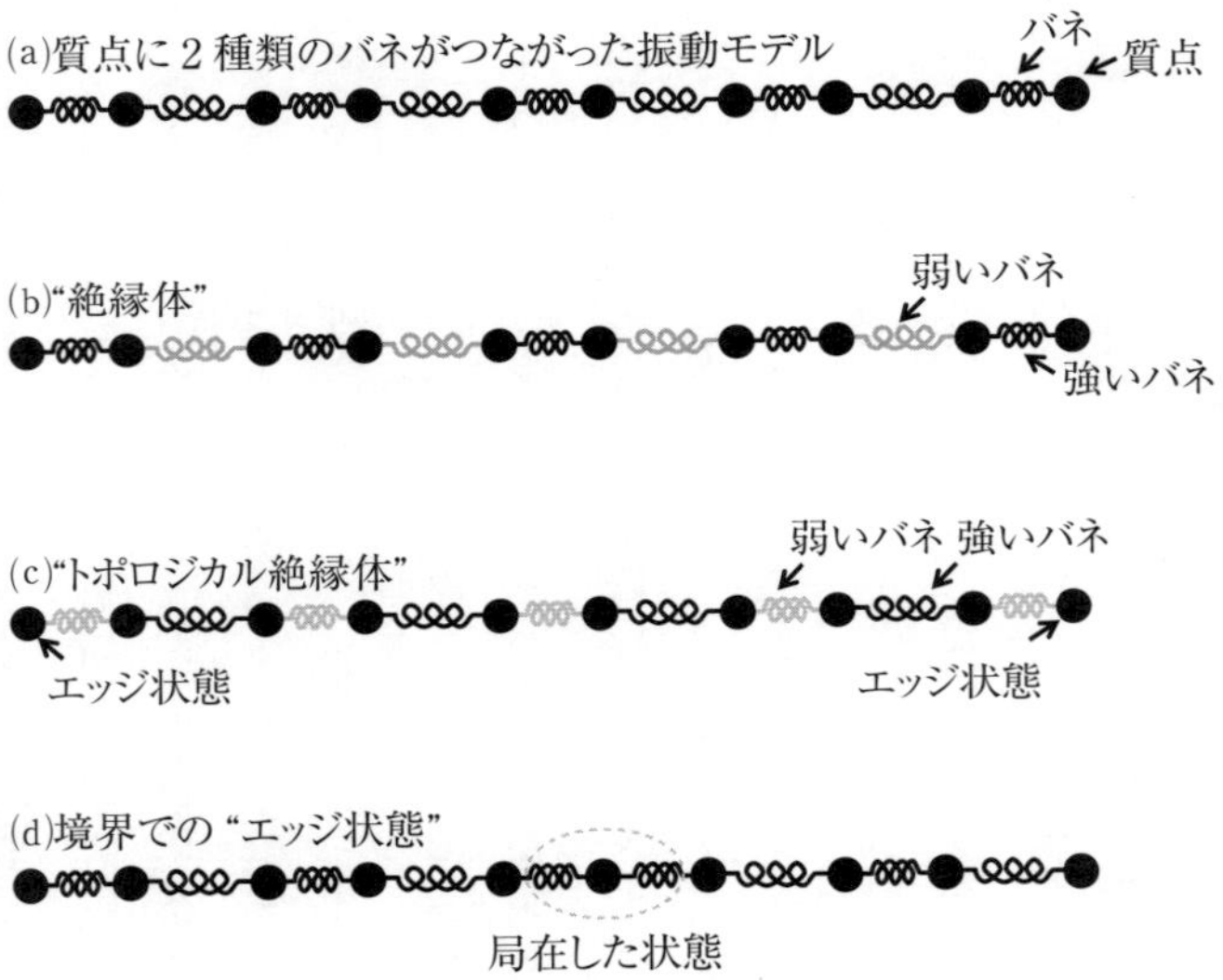

図 12.8　(a)絶縁体とトポロジカル絶縁体の区別の模式図。２種類のバネが質点と交互につながったモデル。バネの強さの大小関係によって、エッジ状態の有無が決まる。(b)２つ目のバネが弱い場合。絶縁体に対応する。(c)１つ目のバネが弱い場合。トポロジカル絶縁体に対応する。(d)バネの強さが交互になってない箇所（破線部）があると、そこに局在した状態ができる。

ロか非ゼロかによって，普通の絶縁体的になるかトポロジカル絶縁体的になるかが分類できます。実際に計算すると，図12・8（bとc）のような極限的な場合に限らず，二つのバネの大小関係で決まっており，一つ目のバネの方が強ければ普通の絶縁体，弱ければトポロジカル絶縁体になることがわかります。また，このようなエッジ状態は，図12・8（d）のように，二種類交互に並んでいたはずのバネが，ある地点で同じ種類が並ぶような系でも実現できて，その地点に局在する状態が現れます。ここで示した一次元のバネのモデルでは，エッジ状態の有無は図だけでもわかりますが，二次元や三次元の複雑な構造の場合には自明ではありません。それでも，ベリー位相に着目することで，こうした単純な系も含めて統一的に理解することができるのです。

電気回路を使って，同様の内容を表すこともできます。図12・9のように，LC共振器が並んでおり，交互に異なる結合（相互インダクタンス）で結ばれている系を考えます。この回路は，先ほどのバネの系とまったく同じ方程式で記述できます。したがって，図12・9（b〜d）のようにエッジ状態の有無も同様に理解できます。

トポロジーと関係する現象はとても興味深いものですが，ここでもう一度ベリー曲率の考え方に立ち戻りましょう。ベリー曲率は，電子なり光なりの立場からみたときに，それらが感じている場を，空間の曲がり具合として表したものです。光の場合に限定して説明すると，光は真っ直ぐ進むという基本的な性質があります。媒質が異なる界面などでは，屈折するなどして向きが曲げられるのはどう考えるか？　この屈折現象も光の立場になって考えると，光としてはあくまで真っ直ぐ進んでいるつもりだが，空間が曲がってるから結果的に軌道も曲がっている，と解釈できるわけです。この考え方は，我々が地球上を歩いている状況を想像することと同じです。自分としては真っ直ぐ歩いてるつもりだけれども，あくまで地球の表面を歩いているに過ぎず，地球は丸いので，宇宙から見れば歩く軌道は曲がっているわけです。

それでは最後に，筆者らの研究の中から，光は真っ直ぐ進んでるつもりだけど実は軌道が曲がってしまう，と

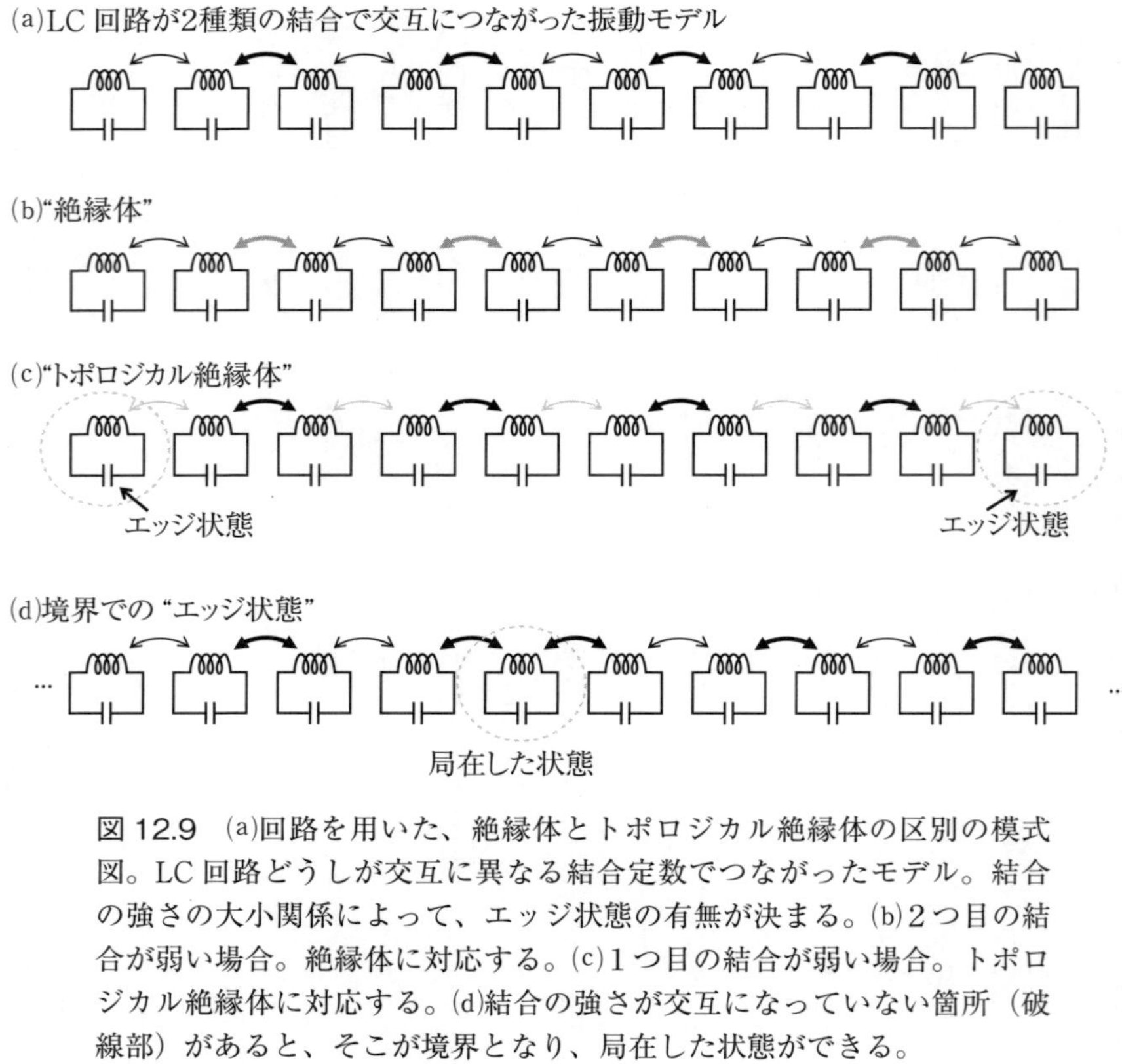

図 12.9　(a)回路を用いた、絶縁体とトポロジカル絶縁体の区別の模式図。LC 回路どうしが交互に異なる結合定数でつながったモデル。結合の強さの大小関係によって、エッジ状態の有無が決まる。(b)2つ目の結合が弱い場合。絶縁体に対応する。(c)1つ目の結合が弱い場合。トポロジカル絶縁体に対応する。(d)結合の強さが交互になっていない箇所（破線部）があると、そこが境界となり、局在した状態ができる。

いう現象をひとつご紹介しましょう。

12・12 歪みをもつ結晶中の光の横シフト

光を曲げたい、という目的を果たすために、光が通る媒質を曲げてみることを考えてみます。図12・10（a）のように、媒質として結晶を用意して、それを歪《ひず》ませます。この歪んだ結晶に光を当てるとどうなるでしょうか。いま、結晶という構造の周期と、光の波長が同じくらいの場合を考えます。たとえば、可視光の波長の光を当てるのであればフォトニック結晶と呼ばれる人工構造体ですし、X線であればまさに天然の結晶そのものを想定します。このとき、我々の立場からみれば、図12・10（a）という状況そのままなのですが、光の立場になると違った状況になっています。光としては真っ直ぐ進んでるつもりでも、周りの環境である結晶が曲がっていくわけです。このとき光は、結晶という媒質が曲がっているのか、はたまた結晶は曲がってないのに自分の軌道が曲がってしまったのか、区別できないという状況に置かれます。その様子を示したのが図12・10（b）で、この歪んだ媒質中で、光が何を感じて進んでいるかを計算し、図式化したものです。この図の縦軸は入射角や周波数で決まる値で、光の波長と結晶の周期とが共鳴する条件、ブラッグ条件（William H. Bragg, 一八六二〜一九四二年：William L. Bragg, 一八九〇〜一九七一年）からどれだけずれているかを表しています。残り二つの軸は、光が通る経路に沿った歪みの量を角度で表した平面です。光が感じているのは、このような仮想的な空間にある「磁気単極子」が作るベリー曲率だということがいえます。媒質中を光が進んでいくと、光はこの仮想空間でのベリー曲率の影響を受けます。その結果、図12・10（c）に示すように、光の波束が横シフトを起こします。この現象は、シリコン結晶とX線を使った実験で示されました。

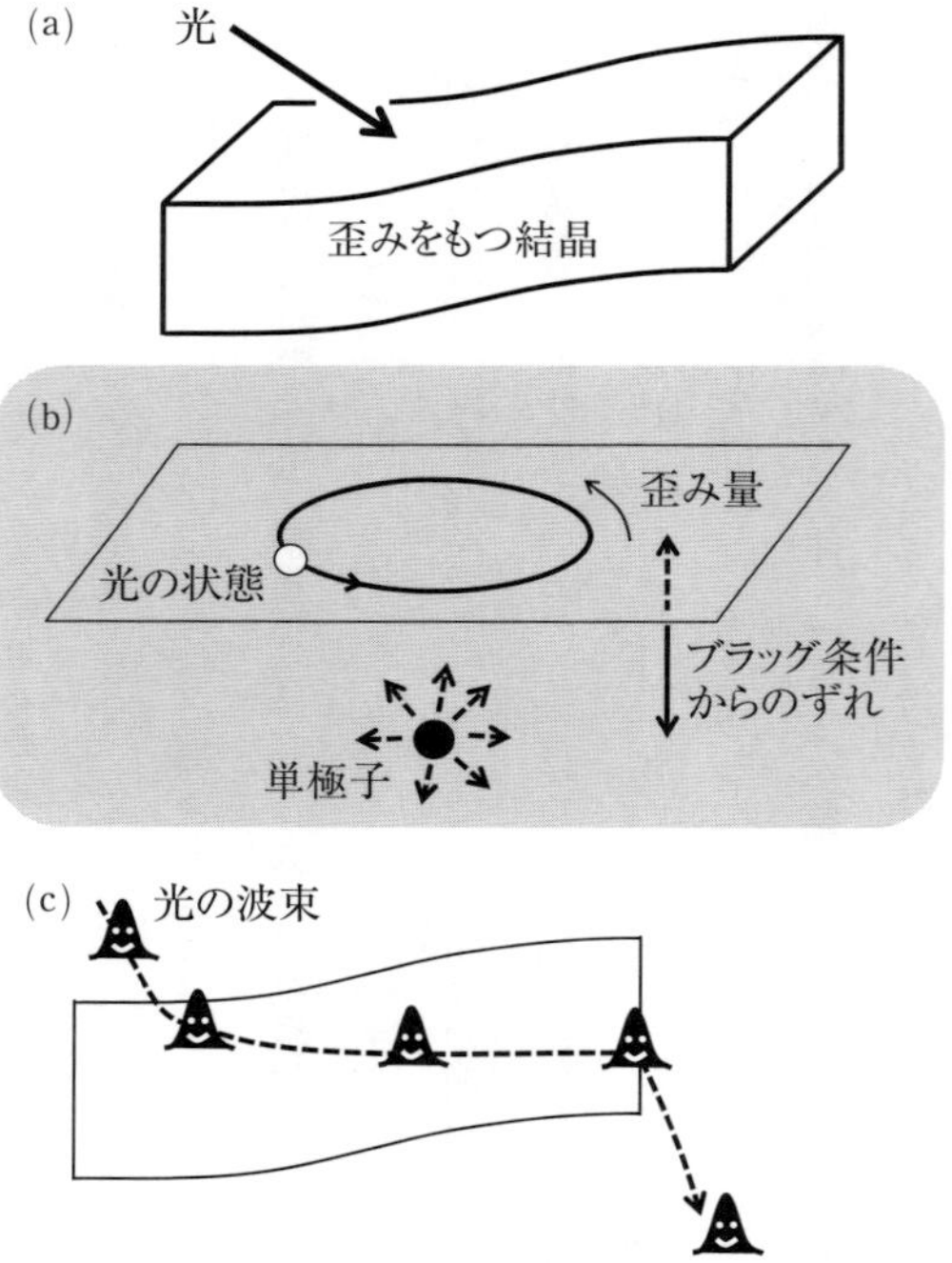

図 12.10　(a)歪みをもつ結晶に光を当てる。(b)結晶中で光が感じるベリー曲率の模式図。(c)光の波束が横シフトする模式図。

12・13 まとめ

これまで見てきたように、ベリー位相は、波動に対する仮想的な「磁場」による効果です。その「磁場」はベリー曲率という、空間の曲がり具合で表されます。もともとは電気も磁気もまったく関係ないような舞台であるにも関わらず、自分が光や電子になった立場でその舞台を見直すことで、磁場のような概念が現れてくるのは、とても興味深いことです。

光を用いた研究は、大きく二つのアプローチに分けることができます。一つは、興味のある物質（生体も含む）に対して、光を当ててその様子を調べるものです。このときの主役はあくまでその物質ですから、光は物質を調べるための道具です。物理の用語でいえば、光は物質にとっての外場の役割を果たしています。

もう一つのアプローチは、光そのものに興味をもつ考え方です。この場合は物質に光を当てること自体は前述のものと同じですが、光を主役に考えます。光を曲げたりするための道具として、物質を用います。いわば、物質が光にとっての外場である、と考えます。見方によっては光も物質もどちらも外場としてみなせるのです。

本章で述べた光のベリー位相理論では、二つ目のアプローチをとっています。光を主役に据えて、光はどういう場を感じているだろうか？　という立場でみると、その場がベリー曲率として表されました。このような考え方は、メタマテリアルの研究にも通じています。メタマテリアルは、人工的な構造体であって、そこを伝わる電磁波が不思議な挙動を示すものです。我々からみれば、作製した構造体はまさにその構造以外の何物でもありませんが、光がどう感じるかを考えると、構造体というよりはひとつの変な媒質だとみなせるわけです。たとえば屈折率が負になっていたり、光が思わず曲げられてみたり。そして、初期のメタマテリアル研究でも、磁気はまさにキーワードになっていました。通常は磁気応答が小さい物質でも、光の立場から見るとあたかも磁気応答しているかのように「だます」ことで、負の屈折率などのおもしろい現象が実現されました。研究者はさまざまな形で磁気のもつ神秘性に魅了され、今日も研究を続けています。

参考文献

本書は、入門的な内容から専門的な研究成果まで述べました。参考文献としては、基礎的な内容のものに限って紹介します。

- 『ドラえもん』第一巻、藤子・F・不二雄、小学館（一九七四）
- 『ハリー・ポッターと賢者の石』J. K. ローリング（著）松岡佑子（訳）、静山社（二〇一二）
- 『透明人間』H. G. ウェルズ（著）橋本槇矩（訳）、岩波書店（一九九二）
- 『ファンタスティック・フォー』二〇世紀フォックス（二〇〇五）
- 『メタマテリアル ―最新技術と応用―』石原照也（監修）、シーエムシー出版（二〇〇七）
- 『メタマテリアルⅡ』石原照也、真田篤志、梶川浩太郎（監修）、シーエムシー出版（二〇一二）
- 『図解 メタマテリアル ―常識を超えた次世代材料―』堀越智（編著）、日刊工業新聞社（二〇一三）
- 『メタマテリアルハンドブック 基礎編・応用編』フィリッポ・カッポリーノ（編）、講談社（二〇一五）
- 『光と電波 ―電磁波に学ぶ自然との対話―』徳丸仁、森北出版（二〇〇〇）
- 『応用光学Ⅰ・Ⅱ』鶴田匡夫、培風館（一九九〇）
- 『物質の中の宇宙論 ―多電子系における量子位相―』永長直人、岩波書店（二〇〇二）

- 『物質の電磁気学』中山正敏、岩波書店（一九九六）
- 『スピン流とトポロジカル絶縁体 ―量子物性とスピントロニクスの発展―』齊藤英治、村上修一、共立出版（二〇一四）

あとがき

最後までお読みいただきありがとうございます。光と磁気を糸口として、メタマテリアルとベリー位相に関係するさまざまな事柄を紹介してきました。世の中には本があまたある中で、新たな一冊として本書を送り出すにあたって、ほかの本には書いてなさそうな内容を書くことを心がけました。さらにいえば、あくまで筆者の感覚的なモノの見方に過ぎない内容であるとか、通常の科学の教科書では書きにくいようなことも、少しでも読者の方々の理解の助けになればと躊躇せずに積極的に取り入れました。

本書は最終的に縦書きにしました。理由は二つあります。一つは文章のテンポとリズムをよくするためです。日本語の文章は、理由はわかりませんが、やはり縦読みの方がテンポがよくなり、リズムが出るような気がします。二つ目は「数式を使わない」という拘束条件を、筆者らが自らに課すためです。数式に目がチカチカすることなく、リズムに乗ってテンポよく読み進めていくうちに、「科学はおもしろそうなんだけど、どうもとっつきにくくて苦手です」という読者のみなさまにも、科学の一分野の最前線を体感していただけたなら幸いです。

本書は読者のみなさまに開かれた本でありたいと思っています。言葉を換えれば、永遠に完成することはありません。時間も我も忘れて没頭することができる一本気な本も良い本ですが、一方で、読んでいるうちに関連しそうなあまたのことが頭に浮かんでは消え、なかなか読み進めることができない本も良い本だと思います。本書は、そんな「余白」をもつ後者を目指しました。どこから読んでもよいし、どこで読み終わっても構いません。本を読むことは、それ自体が創造的な行為だと考えます。本書の内容が、読者のみなさまのあたま、もしくはこころのどこかにフックし、さまざまな思索を巡らせるきっかけとなり、その結果として新しいアイディアが生まれてきたならば、それは私たち筆者の望外の喜びです。

最後に、本書を送り出すにあたってお世話になった、みなさまにお礼を申し上げます。本書の内容は、共同研究者のみなさまとの議論から生まれてきた、そして現在進行形で生まれつつあるものです。また私たち筆者が出会うきっかけを作ってくださった故・萩行正憲先生には、感謝の言葉を尽くしても尽きることはありません。本書にメタマテリアルに関する写真やイラストを提供頂いた、ウィリ・パディラ氏と中西俊博氏には、無理な願いを聞き入れて頂き、大変助かりました。日本磁気学会出版ワーキンググループのみなさま、特に、この企画を最初にご提案頂いた三俣千春氏、執筆に際して叱咤激励を頂いた大嶋則和氏には、時には試練とも思えたこの仕事に取り組む機会を与えて下さり心より感謝を申し上げます。中山和之、松尾貴史、小西邦昭、佐藤琢哉の各氏には、原稿に数多くあった誤りを指摘して頂きました。ありがとうございました。また、共立出版株式会社の石井徹也氏と天田友理氏には、原稿が遅れに遅れて多大なご心配をおかけしました。この場を借りてお詫びとともに、深くお礼を申し上げ筆を置くこととします。

二〇一九年六月

冨田　知志、澤田　桂

■ま■

■や■

■ら■

■わ■

■な■

■は■

索引

[著者紹介]

冨田 知志（とみた さとし）

2002年　神戸大学大学院自然科学研究科構造科学専攻　博士課程修了
2002年　JSTさきがけ研究員
2006年　奈良先端科学技術大学院大学　物質創成科学研究科　助教
2019年　東北大学大学院　理学研究科物理学専攻　助教
現　在　東北大学高度教養教育・学生支援機構（兼　大学院理学研究科物理学専攻）准教授博士（理学）
専　門　物質科学，メタマテリアル科学

澤田 桂（さわだ けい）

2007年　東京大学大学院工学系研究科物理工学専攻　博士課程修了
現　在　理化学研究所　放射光科学研究センター研究員
博士（工学）
専　門　光学理論

マグネティクス・イントロダクション 2
Magnetics Introduction Vol.2

メタマテリアルのつくりかた
—光を曲げる「磁場」とベリー位相—

New Concepts of Metamaterials: Berry Phase and Artificial "Magnetic Fields" Acting on Light

2019年7月10日　初版1刷発行
2021年9月10日　初版2刷発行

検印廃止
NDC 428.9, 427.8

ISBN 978-4-320-03572-0

編　者　日本磁気学会
著　者　冨田知志
　　　　澤田　桂　ⓒ 2019
発行者　南條光章
発行所　**共立出版株式会社**
〒112–0006
東京都文京区小日向4丁目6番19号
電話（03）3947–2511（代表）
振替口座 00110–2–57035
URL www.kyoritsu-pub.co.jp
印　刷　加藤文明社
製　本　協栄製本

一般社団法人
自然科学書協会
会員

Printed in Japan